Excel数据分析大百科全书 | 基础篇

韩小良 ○ 著

高效数据分析
Excel函数和动态图表实战
▶ 案例视频精华版

中国水利水电出版社
www.waterpub.com.cn
·北京·

内 容 提 要

数据分析不是一个方向上的分析,而是需要从各个角度分析,挖掘数据背后的秘密,进而发现问题,分析问题,解决问题。因此,需要综合运用函数来制作动态的分析报表,制作能够灵活展示分析结果的动态图表,从不同的角度去分析数据。

本书精选来源于实际工作第一线的大量实际动态图表分析案例,录制了102集共332分钟的详细教学视频,系统介绍常用数据分析函数和动态图表的各种实际应用。手机扫描书中二维码,可以随时观看学习,快速掌握Excel动态图表的相关知识和技能,并将这些技能和技巧应用到实际数据分析可视化中,制作有说服力的动态分析报告。本书还赠送30个函数综合练习资料包、75个分析图表模板资料包、《Power Query自动化数据处理案例精粹》电子书等资源,帮助大家开阔眼界,参考借鉴。

本书不仅仅讲解Excel动态图表本身,更重要的是介绍每个动态图表制作的逻辑思路,展示数据、分析数据、挖掘数据的背后逻辑思维。期望本书帮助想要学习Excel动态图表的各类读者,也期望本书让具有一定Excel基础的读者温故而知新,学习更多的分析函数和动态图表的技能和思路。

本书适合企事业单位的各类管理者阅读,也可作为大专院校经济类本科生、研究生和MBA学员的教材或参考书。

图书在版编目(CIP)数据

高效数据分析:Excel函数和动态图表实战:案例视频精华版 / 韩小良著. -- 北京:中国水利水电出版社,2025.5. --(Excel数据分析大百科全书).
ISBN 978-7-5226-3265-0

Ⅰ.TP391.13

中国国家版本馆CIP数据核字第2025JT8195号

丛 书 名	Excel数据分析大百科全书
书 名	高效数据分析:Excel函数和动态图表实战(案例视频精华版) GAOXIAO SHUJU FENXI:Excel HANSHU HE DONGTAI TUBIAO SHIZHAN(ANLI SHI PIN JINGHUABAN)
作 者	韩小良 著
出版发行	中国水利水电出版社 (北京市海淀区玉渊潭南路1号D座 100038) 网址:www.waterpub.com.cn E-mail:zhiboshangshu@163.com 电话:(010)62572966-2205/2266/2201(营销中心)
经 售	北京科水图书销售有限公司 电话:(010)68545874、63202643 全国各地新华书店和相关出版物销售网点
排 版	北京智博尚书文化传媒有限公司
印 刷	北京富博印刷有限公司
规 格	170mm×240mm 16开本 11.5印张 239千字
版 次	2025年5月第1版 2025年5月第1次印刷
印 数	0001—3000册
定 价	69.80元

凡购买我社图书,如有缺页、倒页、脱页的,本社营销中心负责调换
版权所有·侵权必究

前言 PREFACE

就在本书即将完稿之际，在《跳出财务看管理——财务经理的Excel数据分析之道》公开课上，一个学员拿出了他每个月都要给领导汇报的PPT，说自己辛辛苦苦做的PPT十分钟根本讲不完，别提多郁闷了。

我看了他做的PPT，发现几乎每张幻灯片都是表格数字和文字叙述的堆积，没有重点主题；前后的幻灯片也没有表达逻辑，甚至十几张幻灯片居然是在重复叙述同一个问题，只是数字发生了变化。我问："这么多图表是怎么做出来的？"他说："每换个角度就用Excel重新做一遍，再把表格和图表复制粘贴到PPT上。"

数据分析不是一个方向上的分析，是需要从各个角度来分析，目的就是挖掘数据背后的秘密，进而发现问题，分析问题，解决问题。因此，如何综合运用函数来制作动态的分析报表，如何制作能够灵活展示分析结果的动态图表，是我们需要好好下功夫去研究、去提升、去实践的。

在本套书的《效率是这样练成的：Excel高效数据处理与分析》中，我们已经给大家介绍了Excel的基本规则和常用函数的基本应用。这些技能和技巧对于日常数据的处理基本够用，但是对于数据分析来说则远远不够。在数据分析中，应用最频繁的已经不再是VLOOKUP函数了，而是诸如INDEX、MATCH、INDIRECT、OFFSET等函数，以及这些函数的综合运用。在数据分析可视化方面，也不能再用老办法做大量结构相同的图表，而是要制作能够灵活展示不同角度分析结果的动态图表。

● **本书特点**

视频讲解：本书录制了102集共332分钟的详细教学视频，系统介绍常用数据分析函数和动态图表的各种实际应用，手机扫描书中二维码，可以随时观看学习。

案例丰富：本书提供了近100个实际动态图表分析案例，通过这些案例来学习Excel函数和动态图表，即可快速掌握Excel动态图表的相关知识和技能，并将这些技能和技巧应用到实际数据分析可视化中，制作有说服力的动态分析报告。

逻辑思路：本书不仅仅讲解Excel动态图表本身，更重要的是介绍每个动态图表的制作逻辑思路，展示数据、分析数据、挖掘数据的背后逻辑思维。

在线交流：本书提供QQ学习群，在线交流Excel学习心得，解决实际工作中的问题。

● **本书内容安排**

函数和动态图表是本书的两大核心内容，目的是综合训练大家的函数运用能力和图表灵活表达能力。本书结合大量来源于作者培训和咨询第一线的实际案例，录制了 102 集 332 分钟的详细教学视频，系统介绍了常用数据分析函数和动态图表的各种实际应用，让你快速成为数据分析高手，并使你的 Excel 使用水平提升到一个新的层次，使你的分析报告更加具有说服力，更加引人注目。

本书共 15 章。第 1 章通过两个案例引出了本书的两大核心内容，即函数和动态图表。第 2 章至第 6 章详细介绍了 Excel 常用函数的各种使用方法、技巧、解决问题的逻辑和思路，以及如何建立动态高效的数据分析模板。第 7 章至第 13 章详细介绍了制作 Excel 动态图表的基本原理、思路、方法和技巧，以及各种实际应用案例。第 14 章介绍了函数和动态图表综合练习。第 15 章简单介绍了如何利用数据透视图来动态分析数据。

● **本书目标读者**

期望本书帮助想要学习 Excel 动态图表各类读者，也期望本书让具有一定 Excel 基础的读者温故而知新，学习更多的分析函数和动态图表的技能和思路。

本书适合企事业单位的各类管理者，也可作为高校经济类本科生、研究生和 MBA 学员的教材或参考书。

● **本书赠送资源**

配套资源

免费教学视频：本书全部 102 集共 332 分钟的教学视频，手机扫描书中二维码，可以随时观看学习。

全部实际案例：本书全部近 100 余个实际案例素材。

拓展学习资源

30 个函数综合练习资料包

75 个分析图表模板资料包

《Power Query 自动化数据处理案例精粹》电子书

《Power Query-M 函数速查手册》电子书

《Power Pivot DAX 表达式速查手册》电子书

《Excel 会计应用范例精解》电子书

《Excel 人力资源应用案例精粹》电子书

《新一代 Excel VBA 销售管理系统开发入门与实践》电子书

《Excel VBA 行政与人力资源管理应用案例详解》电子书

● **本书资源获取方式**

读者可以扫描右侧的二维码，或在微信公众号中搜索 "办公那点事儿"，关注后发送 "EX3265" 到公众号后台，获取本书资源下载链接。将该链接复制到计算机浏览器的地址栏中（一定要复制到计算机浏览器的地址栏，在电脑端下载，手机不能下载，也不能在线解压，没有解压密码），根据提示进行下载。

读者也可加入本书 QQ 交流群 924512501（若群满，会创建新群，请注意加群时的提示，并根据提示加入对应的群），读者也可互相交流学习经验，作者也会不定期在线答疑解惑。

特别提醒：本书涉及单元格颜色问题，请参阅随书赠送的源文件。

韩小良

目录 CONTENTS

第1章 案例解析：关于动态数据分析 / 1
- 1.1 案例一：业务员业绩排名分析 ………………………………………… 1
- 1.2 案例二：销售业绩分析 ………………………………………………… 2
- 1.3 函数——数据分析的核心工具 ………………………………………… 3
- 1.4 动态图表——分析结果的灵活展示工具 ……………………………… 4
- 1.5 本书重点内容总结 ……………………………………………………… 4

第2章 逻辑判断函数：根据条件处理数据 / 5
- 2.1 逻辑判断的核心是逻辑条件和逻辑运算 ……………………………… 5
  - 2.1.1 逻辑运算符 ……………………………………………………… 5
  - 2.1.2 条件表达式 ……………………………………………………… 5
  - 2.1.3 条件表达式的书写 ……………………………………………… 6
- 2.2 逻辑判断函数的核心是判断流程 ……………………………………… 6
  - 2.2.1 逻辑判断的基本原理 …………………………………………… 6
  - 2.2.2 学会绘制逻辑流程图 …………………………………………… 7
- 2.3 逻辑判断IF函数及其嵌套 ……………………………………………… 8
  - 2.3.1 养成输入 IF 函数的好习惯 …………………………………… 8
  - 2.3.2 基本逻辑判断：使用一个 IF 函数 …………………………… 9
  - 2.3.3 复杂逻辑判断：使用单流程嵌套 IF 函数 …………………… 9
  - 2.3.4 复杂逻辑判断：使用多流程嵌套 IF 函数 …………………… 11
  - 2.3.5 多条件组合的复杂逻辑判断 …………………………………… 14
- 2.4 用IFERROR函数处理公式的错误值 …………………………………… 15

第3章 分类汇总函数：根据条件统计数据 / 16

3.1 直接计数汇总 16
- 3.1.1 计数汇总的常用函数 16
- 3.1.2 无条件计数：COUNTA 和 COUNT 函数 16
- 3.1.3 单条件计数：COUNTIF 函数 18
- 3.1.4 多条件计数：COUNTIFS 函数 20
- 3.1.5 计数问题总结 22

3.2 直接求和汇总 22
- 3.2.1 求和汇总的常用函数 22
- 3.2.2 无条件求和：SUM 函数 22
- 3.2.3 单条件求和：SUMIF 函数 23
- 3.2.4 多条件求和：SUMIFS 函数 25

3.3 隐含复杂条件下的汇总计算 26
- 3.3.1 SUMPRODUCT 函数 27
- 3.3.2 SUMPRODUCT 函数用于计数与求和的基本原理 28
- 3.3.3 使用 SUMPRODUCT 函数进行条件计数 30
- 3.3.4 使用 SUMPRODUCT 函数进行条件求和 31

3.4 超过15位数字长编码的条件计数与求和问题 32

第4章 查找与引用函数：根据条件查找数据或引用单元格 / 33

4.1 基本查找：VLOOKUP函数 33
- 4.1.1 VLOOKUP 函数的基本语法和应用 33
- 4.1.2 与 COLUMN 或 ROW 函数联合使用 35
- 4.1.3 与 MATCH 函数联合使用 36
- 4.1.4 与 IF 函数联合使用 37
- 4.1.5 与 OFFSET 函数联合使用 39
- 4.1.6 与 INDIRECT 函数联合使用 39
- 4.1.7 第 1 个参数使用通配符做关键词匹配查找 40
- 4.1.8 第 4 个参数输入 TRUE、1 或留空时的模糊查找 41
- 4.1.9 条件在右、结果在左的反向查找 42
- 4.1.10 找不到数据是怎么回事 42
- 4.1.11 HLOOKUP 函数 42

4.2 定位：MATCH函数 43
- 4.2.1 MATCH 函数的基本原理和用法 43
- 4.2.2 MATCH 函数实际应用 44

- 4.3 知道位置才能取数：INDEX函数 ·················· 45
  - 4.3.1 INDEX 函数的基本原理和用法 ·················· 45
  - 4.3.2 与 MATCH 函数联合使用，做单条件查找 ·················· 46
  - 4.3.3 与 MATCH 函数联合使用，做多条件查找 ·················· 47
- 4.4 间接引用：INDIRECT函数 ·················· 48
  - 4.4.1 INDIRECT 函数的基本原理和用法 ·················· 48
  - 4.4.2 经典应用之一：快速汇总大量工作表 ·················· 50
  - 4.4.3 经典应用之二：建立滚动汇总分析报告 ·················· 51
  - 4.4.4 经典应用之三：制作动态的明细表 ·················· 52
- 4.5 引用动态单元格区域：OFFSET函数 ·················· 55
  - 4.5.1 OFFSET 函数的基本原理和用法 ·················· 55
  - 4.5.2 OFFSET 函数使用技巧 ·················· 56
  - 4.5.3 经典应用之一：动态查找数据 ·················· 57
  - 4.5.4 经典应用之二：获取动态数据区域 ·················· 57
- 4.6 特别补充说明的LOOKUP函数 ·················· 61
  - 4.6.1 基本原理与用法 ·················· 61
  - 4.6.2 经典应用之一：获取最后一个不为空的单元格数据 ·················· 62
  - 4.6.3 经典应用之二：替代嵌套 IF 函数 ·················· 63
- 4.7 制作动态图表时很有用的CHOOSE函数 ·················· 64
- 4.8 常与其他函数一起使用的ROW和COLUMN函数 ·················· 64
  - 4.8.1 ROW 函数 ·················· 64
  - 4.8.2 COLUMN 函数 ·················· 64
  - 4.8.3 应注意的问题 ·················· 65
- 4.9 思路不同，使用的查找函数不同，公式也不同 ·················· 65

第5章　处理文本函数：字符截取与转换　/ 66

- 5.1 截取文本字符串中的字符 ·················· 66
  - 5.1.1 从字符串的左侧截取字符：LEFT 函数 ·················· 66
  - 5.1.2 从字符串的右侧截取字符：RIGHT 函数 ·················· 67
  - 5.1.3 从字符串的中间指定位置截取字符：MID 函数 ·················· 67
  - 5.1.4 从字符串中查找指定字符的位置：FIND 函数 ·················· 69
  - 5.1.5 综合应用：直接从原始数据制作分析报表 ·················· 70
- 5.2 转换数字格式 ·················· 70
  - 5.2.1 TEXT 函数的基本原理和用法 ·················· 71
  - 5.2.2 经典应用之一：在图表上显示说明文字 ·················· 72
  - 5.2.3 经典应用之二：直接从原始数据制作汇总报表 ·················· 73

第6章 排序函数：排名与排序分析 / 75

6.1 建立自动排名分析模型 ································· 75
6.1.1 排序函数：LARGE 和 SMALL 函数 ················ 75
6.1.2 为排序后的数据匹配名称 ························· 76
6.1.3 出现相同数字情况下的名称匹配问题 ············· 77
6.1.4 建立综合的排名分析模板 ························· 78
6.2 排位分析 ··· 78

第7章 数据分析结果的灵活展示：动态图表基本原理及其制作方法 / 80

7.1 动态图表一点也不神秘 ································· 80
7.1.1 动态图表的基本原理 ······························· 80
7.1.2 制作动态图表必备的两大核心技能 ··············· 81
7.1.3 在功能区显示"开发工具"选项卡 ··············· 81
7.1.4 如何使用控件 ··· 82
7.1.5 常用的表单控件 ····································· 84
7.2 常见的动态图表 ·· 84
7.2.1 表单控件控制显示的动态图表 ····················· 84
7.2.2 数据验证控制显示的动态图表 ····················· 85
7.2.3 随数据自动变化而变化的动态图表 ··············· 85
7.2.4 切片器控制数据透视图 ······························ 86
7.2.5 Power View 分析报告 ································ 86
7.3 动态图表的制作方法和步骤 ···························· 87
7.3.1 动态图表制作方法：辅助区域法 ·················· 87
7.3.2 动态图表制作方法：动态名称法 ·················· 88
7.3.3 将控件与图表组合起来，便于一起移动图表和控件 ····· 90
7.3.4 制作动态图表的六大步骤 ·························· 90
7.4 让图表上的元素动起来 ································· 90
7.4.1 制作动态的图表标题 ······························· 91
7.4.2 制作动态的坐标轴标题 ···························· 91
7.4.3 制作动态的数据标签 ······························· 92
7.5 不可忽视的安全性工作：保护绘图数据 ············ 92
7.6 制作动态图表的必备技能：定义名称 ··············· 92
7.6.1 什么是名称 ·· 92
7.6.2 能够定义名称的对象 ······························· 92
7.6.3 定义名称的规则 ····································· 93

7.6.4 定义名称方法一：利用名称框 ……………………………………… 93
7.6.5 定义名称方法二：利用"新建名称"对话框 …………………… 93
7.6.6 定义名称方法三：利用名称管理器 …………………………… 93
7.6.7 定义名称方法四：批量定义名称 ……………………………… 94
7.6.8 定义名称方法五：将公式定义为名称 ………………………… 94
7.6.9 编辑、修改和删除名称 ………………………………………… 95

第8章　组合框控制的动态图表　/ 96

8.1 认识组合框 ……………………………………………………… 96
8.1.1 组合框的控制属性 ……………………………………………… 96
8.1.2 组合框的基本使用方法 ………………………………………… 97
8.2 使用多个组合框控制图表 ……………………………………… 98
8.2.1 使用多个彼此独立的组合框控制图表 ………………………… 98
8.2.2 使用多个彼此关联的组合框 …………………………………… 102
8.2.3 分析指定时间段内的数据 ……………………………………… 104
8.3 综合应用：员工属性分析图表 ………………………………… 105

第9章　列表框控制的动态图表　/ 109

9.1 认识列表框 ……………………………………………………… 109
9.1.1 列表框的控制属性 ……………………………………………… 109
9.1.2 列表框的基本使用方法 ………………………………………… 110
9.2 使用多个列表框控制图表 ……………………………………… 111
9.2.1 使用多个彼此独立的列表框控制图表 ………………………… 111
9.2.2 使用多个彼此关联的列表框控制图表 ………………………… 113
9.3 组合框和列表框联合使用 ……………………………………… 115

第10章　选项按钮控制的动态图表　/ 116

10.1 认识选项按钮 …………………………………………………… 116
10.1.1 别忘了修改标题文字 …………………………………………… 116
10.1.2 使用分组框实现多选 …………………………………………… 116
10.1.3 选项按钮的控制属性 …………………………………………… 116
10.1.4 选项按钮的基本使用方法 ……………………………………… 117
10.2 使用彼此独立的几组选项按钮控制图表 ……………………… 118
10.3 可以任选降序或升序的排名分析模板 ………………………… 119
10.4 选项按钮与组合框或列表框联合使用 ………………………… 121

第11章　复选框控制的动态图表　/ 126

11.1　认识复选框 ······ 126
11.1.1　别忘了修改标题文字 ······ 126
11.1.2　复选框的控制属性 ······ 126
11.1.3　复选框制作动态图表的基本原理 ······ 127

11.2　复选框实际应用案例 ······ 127
11.2.1　应用案例一：三年资产价格同比分析 ······ 127
11.2.2　应用案例二：成本趋势分析 ······ 128

11.3　复选框与选项按钮、组合框、列表框的联合使用 ······ 129

第12章　数值调节钮控制的动态图表　/ 131

12.1　认识数值调节钮 ······ 131
12.1.1　数值调节钮的控制属性 ······ 131
12.1.2　数值调节钮的基本使用方法 ······ 132

12.2　数值调节钮实际应用案例 ······ 133
12.2.1　应用案例一：动态显示最新的几个数据 ······ 133
12.2.2　应用案例二：动态显示指定日期之前或之后的几个数据 ······ 134
12.2.3　应用案例三：查看前 N 个或者后 N 个客户的排名分析图表 ······ 136

第13章　滚动条控制的动态图表　/ 140

13.1　认识滚动条 ······ 140
13.1.1　滚动条的控制属性 ······ 140
13.1.2　滚动条的基本用法 ······ 140

13.2　滚动条实际应用案例 ······ 141
13.2.1　利润敏感性分析模型 ······ 141
13.2.2　动态高亮显示数据点 ······ 143
13.2.3　制作数据拉杆，具有动画放映效果的分析图 ······ 144

第14章　函数和动态图表综合练习　/ 146

14.1　业务员综合排名分析模板 ······ 146
14.1.1　图表控制逻辑架构 ······ 146
14.1.2　设计控件 ······ 146
14.1.3　创建排名计算公式 ······ 148
14.1.4　定义动态名称 ······ 150

14.1.5 绘制图表 ·········· 151
14.2 产品销售毛利分析 ·········· 151
14.2.1 汇总计算各个产品的毛利 ·········· 151
14.2.2 分析各个产品的毛利对企业总毛利的影响程度 ·········· 152
14.2.3 分析指定产品毛利的影响因素 ·········· 153
14.2.4 分析指定产品各个月的销售情况 ·········· 154
14.3 建立管理费用滚动跟踪分析模板 ·········· 155
14.3.1 示例数据：从系统导入的管理费用发生额表 ·········· 155
14.3.2 设计滚动汇总表 ·········· 156
14.3.3 指定部门、指定费用的各个月变化分析 ·········· 157
14.3.4 指定月份、指定部门的费用结构分析 ·········· 158
14.3.5 指定月份、指定费用的各部门对比分析 ·········· 159

第15章 数据透视图：与数据透视表共生的另一种动态图表 / 161
15.1 创建数据透视图 ·········· 161
15.1.1 创建数据透视图的基本方法 ·········· 161
15.1.2 关于数据透视图的分类轴 ·········· 162
15.1.3 数据透视图的美化 ·········· 162
15.1.4 利用切片器控制透视表和透视图 ·········· 162
15.2 二维表格的透视分析 ·········· 164
15.2.1 建立多重合并计算数据区域透视表 ·········· 164
15.2.2 联合使用切片器和数据透视图进行分析 ·········· 165
15.3 一维表格的透视分析 ·········· 165
15.3.1 创建普通的数据透视表 ·········· 166
15.3.2 分析指定产品的客户销售 ·········· 166
15.3.3 分析指定客户的产品销售 ·········· 166
15.3.4 分析客户销售排名 ·········· 166
15.4 多个一维表格的汇总与分析 ·········· 167
15.4.1 两年销售数据示例 ·········· 167
15.4.2 利用现有连接+SQL 语句创建基于两年数据的透视表和透视图 ·········· 167
15.4.3 产品两年销售分析 ·········· 169
15.4.4 前 10 大客户两年销售分析 ·········· 170

第 1 章
案例解析：关于动态数据分析

作者从事了十几年的 Excel 培训和咨询工作，接触到了各式各样的 Excel 用户，也看到了千差万别的"分析报告"；还经常看到换个思路就可以分析数据，很多人却重新计算。

数据分析，不仅需要对数据进行缜密的逻辑思考，更要总结经验，把众多逻辑思考提炼成分析模板。而制作这样的模板，首先需要具备扎实的 Excel 技能，包括 Excel 函数和动态图表的应用技能。

1.1 案例一：业务员业绩排名分析

案例1-1

"一年结束了，我把每个业务员的经营业绩都做了汇总，得到了如下的汇总表。老师，现在我想对这些业务员的业绩按如下要求进行分析。

（1）能够查看指定项目、指定月份下，当月业绩或者累计业绩排名。

（2）能够查看业绩好的前 10 名业务员，或者业绩差的后 5 名业务员。

全年 12 个月，要分析的项目有 8 个，业务员有 30 多个，这样算下来，我要分析的维度非常多，如果通过图表来分析的话，需要绘制数百个图表才能看明白。

老师，怎样才能做出一个灵活高效的分析图表用来排名啊？"

这是几年前一个学生问我的问题。模拟表格数据如图 1-1 所示。

图1-1 模拟表格数据

这样的表格看起来是很费神的。除此之外，这样的汇总表分析的维度变量又非常多，那该怎么办呢？

图 1-2、图 1-3 所示是我给该学生设计的动态图表，可以任选项目、任选月份、任选当

月或累计、任意查看前 N 个或后 N 个业务员的业绩。

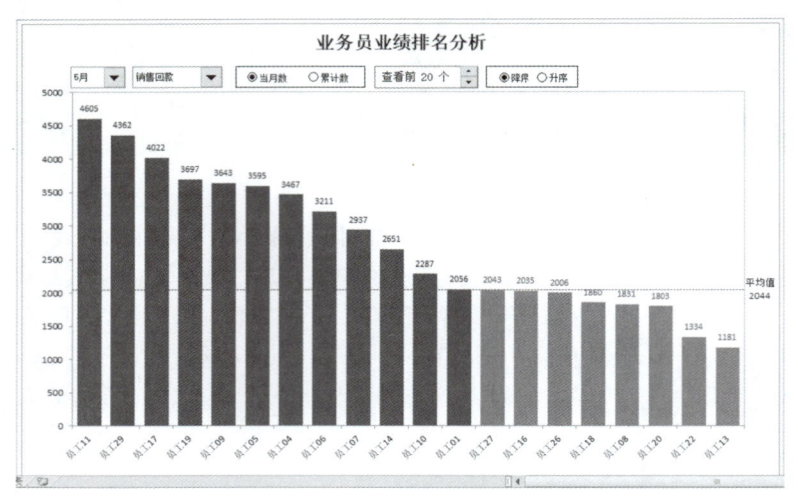

图1-2　业务员动态排名分析模板（前N个）

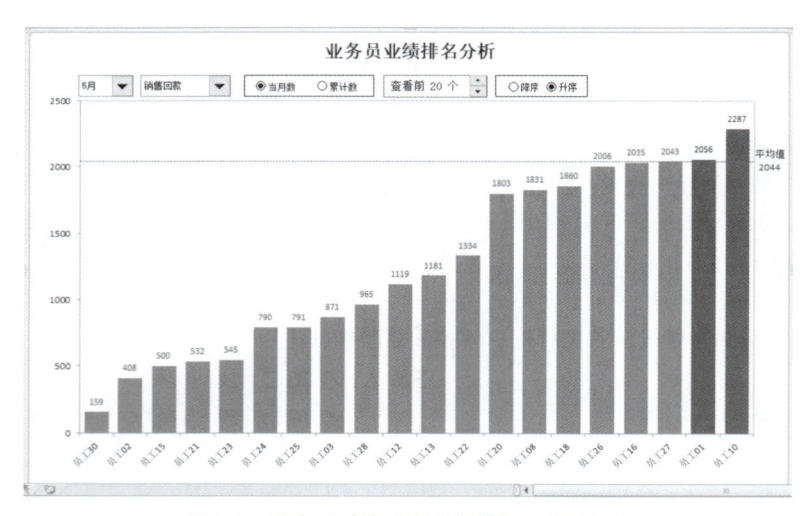

图1-3　业务员动态排名分析模板（后N个）

有了这样的动态分析模板，单击一下想看的项目，就会立即显示想要的结果。

你一定会问："这样的模板是怎么做出来的？""我能不能学会做这样的模板？"

1.2　案例二：销售业绩分析

案例1-2

"我从 K3 导出今年和去年前三季度的销售数据，现在要分析两年毛利的变化情况。是增长还是下降了？增长或下降的原因是什么？哪个产品影响最大？产品的毛利是受销量影响最大，还是受单价影响最大，或者是受成本影响最大？"

这是很多从事业务或财务工作的学生经常咨询的问题。图 1-4 所示就是一个模拟数据例子。

图1-4 两年的销售数据

我们需要按照以下的逻辑来分析毛利同比出现的差异。
- ◎ 总体毛利差异多大？
- ◎ 每个产品的毛利差异多大？
- ◎ 影响每个产品毛利的主要因素是什么？
- ◎ 这些因素在过去几个月是如何变化的？有什么变化趋势？未来会往哪个方面发展？
- ◎ 如何做预案？

图 1-5 所示是制作的基本分析报告效果。首先观察所有产品的毛利同比情况，然后查看某个产品的情况，最后查看该产品各月的销量或单价的变化趋势及同比情况。

图1-5 毛利同比分析模板

1.3 函数——数据分析的核心工具

不论是数据的日常处理，还是数据的深入分析，基本上都离不开 Excel 最核心的工具之一——函数。

很多人开始学习 Excel 函数时，感到函数公式难度很大。但是，函数并不像想象的那样难学难用。在数据处理和数据分析中，经常用的函数也就是如下几个。

- ◎ 逻辑判断：IF、IFERROR 函数。

- 分类汇总：COUNTA、COUNTIF、COUNTIFS、SUMIF、SUMIFS、SUMPRODUCT 函数。
- 查找引用：VLOOKUP、HLOOKUP、LOOKUP、MATCH、INDEX、INDIRECT、OFFSET、CHOOSE 函数。
- 处理文本数据：LEFT、RIGHT、MID、TEXT 函数。
- 排名分析：LARGE、SMALL 函数。

这些函数学起来并不难，用起来也不难，只要掌握了函数的原理、用法（语法）、使用注意事项，尤其是学会其逻辑思路，就可以轻松地制作各种数据分析报告了。

1.4 动态图表——分析结果的灵活展示工具

数据分析，是对数据的挖掘，是对数据背后秘密的探究。为了弄清楚企业经营是否正常、是否出现了问题、这些问题是什么，就需要从各个角度对数据进行分析。这就要求在制作分析报表时制作动态图表（动态报表），这样便能够随时切换分析角度。

其实，动态图表的制作并不难，简单一点的操作是使用数据透视图，因为数据透视图本身就是动态图表；复杂一点的操作是联合使用表单控件和函数制作个性化的动态图表，而函数则是制作动态图表的核心工具之一。很多人觉得动态图表很难制作，当你学会了如何使用表单控件、如何综合运用函数查找数据时，你就会发现，动态图表制作原来是如此简单。

1.5 本书重点内容总结

本书的目的是带着大家再上一个台阶，掌握更重要的 Excel 技能。本书将重点介绍如下两方面的内容。

（1）函数的深入学习和应用。
（2）动态图表的制作和应用。

相信通过对本书的学习，大家能够轻松地设计个性化的高效数据分析模板，让数据分析不再是一件令人焦虑的事情，同时也能让你的分析报告更有说服力。

第 2 章
逻辑判断函数：根据条件处理数据

2.1 逻辑判断的核心是逻辑条件和逻辑运算

逻辑判断，意味着给定了条件，然后就是依据指定的规则判断这个条件是否满足。因此，为了更好地运用逻辑判断，首先要了解逻辑运算符和条件表达式。

2.1.1 逻辑运算符

条件表达式就是利用逻辑运算符，对两个项目进行比较判断。逻辑运算符是条件表达式中判断逻辑关系的最基本元素，逻辑运算符有以下 6 个。

- 等于（=）。
- 大于（>）。
- 大于或者等于（>=）。
- 小于（<）。
- 小于或者等于（<=）。
- 不等于（<>）。

要注意的是，在公式中使用条件表达式进行逻辑判断时，逻辑运算符是所有运算符中运算顺序最低的。因此，为了得到正确的结果，最好使用一组小括号将每个条件表达式括起来。例如：

```
=(A2>100)*(A2<1000)
```

2.1.2 条件表达式

条件表达式，就是根据指定的条件准则，对两个项目进行比较（逻辑运算），得到要么是 TRUE，要么是 FALSE 的判定值。

这里要注意以下两点。

（1）只能对两个项目进行比较，不能对 3 个或 3 个以上的项目做比较。

比如， =100>200 就是判断 100 是否大于 200，结果是 FALSE；而 =100>200>300 的判断逻辑是先判断 100 是否大于 200，结果为 FALSE，再把这个结果 FALSE 与 300 进行判断，因此这个公式是两个判断的过程，其结果就是 TRUE 了。

（2）条件表达式的结果只能是两个逻辑值：TRUE 或 FALSE。

逻辑值 TRUE 和 FALSE 分别以 1 和 0 来代表，在 Excel 中也遵循这个规定，因此在公式中逻辑值 TRUE 和 FALSE 分别以 1 和 0 来参与运算。

例如，下面的公式就会得到不同的结果。

```
=(A1>100)
= (A1>100)*1
```

第一个公式只能返回 TRUE 或 FALSE，而第二个公式将根据实际情况返回 0 或 1：当单元格 A1 的值大于 100 时，第一个公式的结果是 TRUE，而第二个公式的结果是 1（即 TRUE*1=1）；当单元格 A1 的值小于或等于 100 时，第一个公式的结果是 FALSE，而第二个公式的结果是 0（即 FALSE*1=0）。

2.1.3 条件表达式的书写

当只对两个项目进行比较时，利用简单的逻辑运算符就可以建立一个简单的条件表达式了。

例如，下面的公式都是简单的条件表达式，它们对两个项目进行如下比较。

```
= A1>B1
= A1<>(C1-200)
= A1="华东"
= SUM(A1:A10)>=2000
```

这些条件表达式都是返回逻辑值 TRUE 或 FALSE。

在实际工作中，会经常需要将多个条件表达式进行组合，设计更为复杂的逻辑判断条件，以完成更为复杂的任务。例如：

```
=(A1>100)*(A1<1000)
= (A1="彩电")+(A1="冰箱")
= ((A1="彩电")+(A1="冰箱"))*(B1="A级")
```

乘号（*）相当于"与"条件，如果几个条件必须都满足，除了使用 AND 函数外，还可以使用乘号（*）来连接这些条件。

加号（+）相当于"或"条件，如果几个条件中只要有一个满足即可，那么除了使用 OR 函数外，还可以使用加号（+）来连接这些条件。

2.2 逻辑判断函数的核心是判断流程

逻辑判断函数并不多，但不论是哪个逻辑判断函数，都是一种逻辑流程的体现，是对表格结构逻辑及数据处理逻辑的综合思考，换句话说，就是逻辑判断流程的再造。

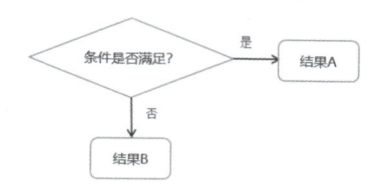

2.2.1 逻辑判断的基本原理

逻辑判断的基本原理，就是根据指定的条件进行判断。如果条件满足，就给出一个结果；如果条件不满足，就给出另外一个结果。

逻辑判断的基本原理如图 2-1 所示。

图2-1 逻辑判断的基本原理

例如，要根据图 2-2 中每个员工的签到时间，判断其是否迟到。此时，就可以使用 C 列的时间与上班时间标准（比如出勤时间是 9:00—17:00）进行条件判断，如果签到时间晚于上班时间 9:00，就在 D 列对应单元格输入"迟到"两个字，否则就留空。

这就是一个简单的逻辑判断问题。其判断逻辑如图 2-3 所示。

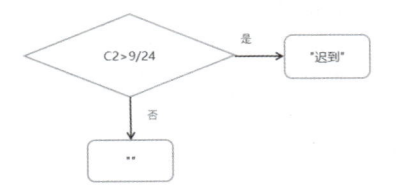

图2-2　判断是否迟到　　　　　图2-3　判断是否迟到的逻辑

2.2.2　学会绘制逻辑流程图

逻辑判断实际上是依据给定的条件，进行逐步推理的过程。简单的一个条件、一种情况的判断还是比较好处理的，但是如果给出了很多条件、很多情况呢？此时，很多人就被卡住了，被这些条件判断绕晕了。

单个条件逻辑判断的逻辑流程如图 2-1 和图 2-3 所示，这样的图就是逻辑流程图。

绘制逻辑流程图是熟练使用 IF 函数（尤其是嵌套 IF 函数）最重要的技能训练，也是使用其他函数创建复杂计算公式最重要、最核心的技能。

在实际工作中，遇到更多的问题是根据多个条件来处理多个结果。此时，大多数情况是需要嵌套 IF 函数，依据给定的条件，逐条进行判断，分别处理不同的结果。这种情况下，为了能够快速输入嵌套 IF 函数，绘制逻辑流程图就非常重要了。

例如，国家对法定年休假天数的规定如下。

◎ 工作不满 1 年，不休假。
◎ 满 1 年不满 10 年，休 5 天。
◎ 满 10 年不满 20 年，休 10 天。
◎ 满 20 年，休 15 天。

图 2-4 所示就是一个示例，要求根据每个员工的工龄，计算其应休年假的天数。

图2-4　计算年休假天数

在这个例子中，每个员工的年休假天数有 4 种可能的结果：0、5、10、15，具体是多少天，就看员工的工龄是多少了。此时，需要使用 3 个 IF 函数嵌套起来进行综合处理，因为 1 个 IF 函数只能处理两个结果，4 个结果就需要使用 3 个 IF 函数来处理了。

那么，这样的计算公式如何快速创建？

很多人是风风火火地立马动手，开始在键盘上输入函数，输入条件，输入标点符号，输入结果，输入……最后按 Enter 键，才发现公式错误了！

对于嵌套 IF 函数（以及其他函数的嵌套）来说，首要的任务不是立马输入公式，而是先梳理清楚计算的逻辑流程：第 1 步做什么，怎么做？第 2 步做什么，怎么做？第 3 步做什么，怎么做？……，只有把这些梳理清楚了，才能又快又准确地输入嵌套函数公式。

图 2-5 所示是年休假天数的逻辑流程图。

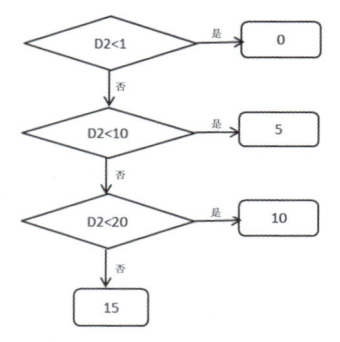

```
D2<1 ──是──> 0
  │否
  ▼
D2<10 ──是──> 5
  │否
  ▼
D2<20 ──是──> 10
  │否
  ▼
  15
```

图2-5　年休假天数的逻辑流程图

逻辑流程图就是解决问题的逻辑思路，就是创建计算公式的详细步骤，就是把自己从嵌套函数公式中解脱出来的秘诀。好好训练自己的逻辑思路，好好绘制逻辑流程图吧。

2.3 逻辑判断IF函数及其嵌套

在逻辑判断函数中，最常用的是 IF 函数及其嵌套。如果没有用过 IF 函数，说明你的表格应用仍停留在加减乘除的简单阶段。如果该函数用起来还是不熟练，那么就需要好好研究该函数的基本用法和嵌套方法了。

2.3.1 养成输入 IF 函数的好习惯

很多人在输入 IF 函数时，喜欢一个一个字符地手动输入，这样很容易出错，不是少了逗号，就是忘了加括号，要不就是搞错了位置。

输入 IF 函数，尤其是在输入嵌套 IF 公式时，要养成一个良好的习惯：打开 IF 函数的"函数参数"对话框，在对话框里输入各个参数，不必关注逗号、括号，各个参数输入完毕后，软件会自动添加逗号和括号，如图 2-6 所示。

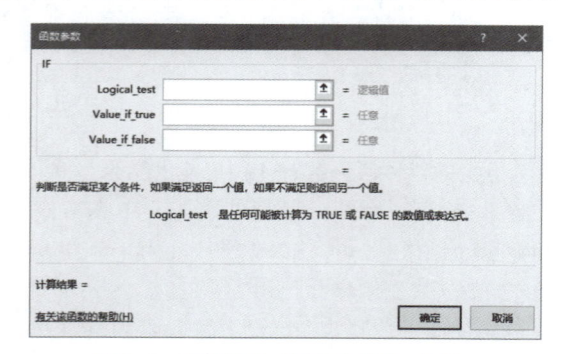

图2-6　IF函数的"函数参数"对话框

2.3.2 基本逻辑判断：使用一个 IF 函数

很多情况下，只需要使用一个 IF 函数即可解决判断处理问题，这是最简单的逻辑判断。

IF 函数的用法（语法）如下。

=IF(条件是否成立，成立的结果 A，不成立的结果 B)

IF 函数的逻辑判断流程和"函数参数"对话框中各个参数的对应关系如图 2-7 所示。

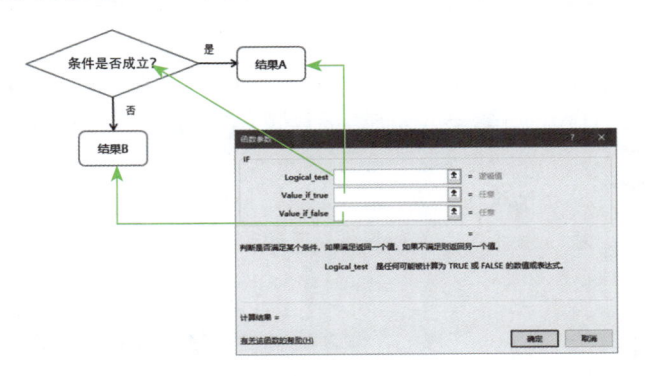

图 2-7　各个参数的对应关系

下面介绍几个使用 IF 函数的例子。

案例2-1

在图 2-2 所示判断是否迟到的示例中，单元格 D2 的判断公式如下：

=IF(C2>9/24," 迟到 ","")

结果如图 2-8 所示。

图 2-8　判断是否迟到

2.3.3 复杂逻辑判断：使用单流程嵌套 IF 函数

很多问题需要使用多个 IF 函数来解决，也就是要创建嵌套 IF 公式。那么，如何快速准确地创建嵌套 IF 公式？

一个实用的技能是：联合使用名称框+"函数参数"对话框。

名称框在公式编辑栏的最左边，如图 2-9 所示。

当在单元格输入等号（=）时，名称框里就会出现函数，如图 2-10 所示。

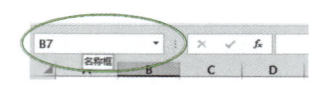

图2-9 名称框

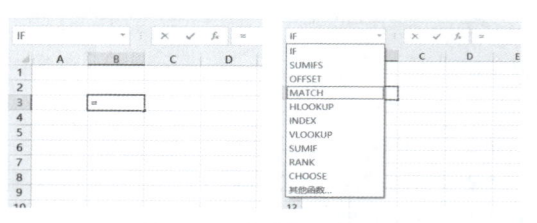

图2-10 名称框里出现函数

案例2-2

以图2-4中的计算年休假天数的数据为例,输入嵌套IF函数公式的主要步骤如下。

步骤 1 单击编辑栏中的"插入函数"按钮 f_x,首先插入第1个IF函数,打开"函数参数"对话框,输入条件表达式和条件成立的结果,如图2-11所示。

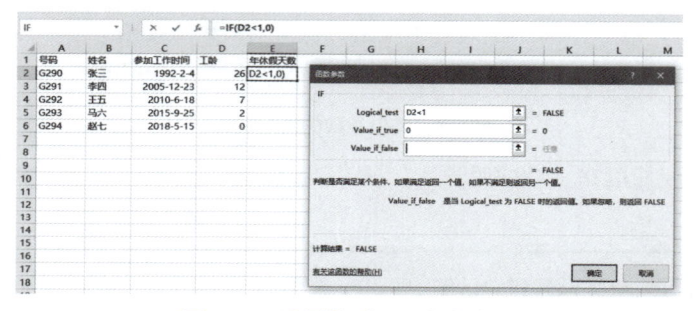

图2-11 设置第1个IF函数的参数

步骤 2 将光标移到IF函数的第3个参数输入框中,单击名称框里出现的IF函数,打开第2个IF函数的"函数参数"对话框,再设置该函数的条件表达式和条件成立的结果,如图2-12和图2-13所示。

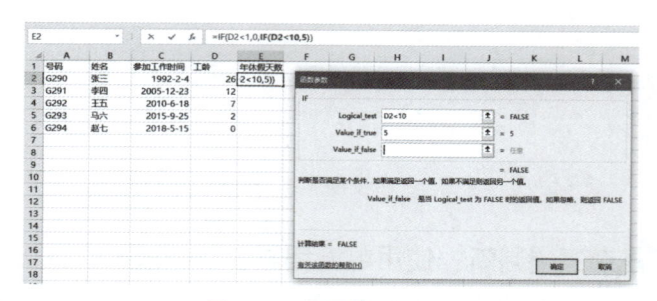

图2-12 编辑栏左侧的名称框里出现了IF函数

图2-13 设置第2个IF函数的参数

步骤 3 将光标移到IF函数的第3个参数输入框中,单击名称框里出现的IF函数,打开第3个IF函数的"函数参数"对话框,再设置该函数的条件表达式和条件成立的结果,如图2-14所示。

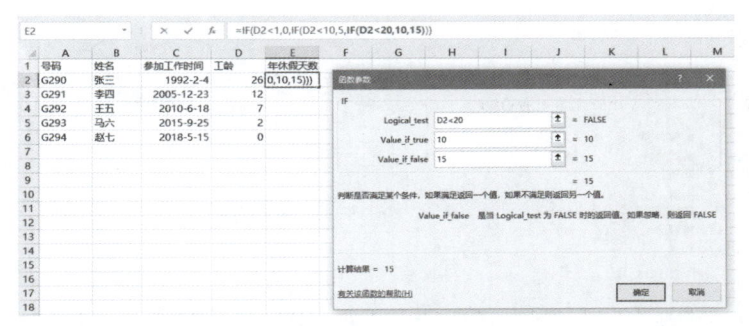

图2-14　设置第3个IF函数的参数

步骤 ④ 单击"确定"按钮，完成公式输入，得到每个员工的年休假天数，结果如图 2-15 所示。

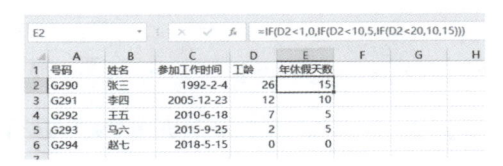

图2-15　年休假天数计算结果

2.3.4　复杂逻辑判断：使用多流程嵌套 IF 函数

2.3.3 节中的年休假例子还是比较简单的，尽管也是嵌套 IF 函数，但其判断只是按照既定的顺序一直做下去。

在实际数据处理中，还有另外一种比较复杂的情况：多流程嵌套 IF 函数。此时，一定要先画出逻辑流程图，再采用 2.3.3 节中的名称框＋"函数参数"对话框的方法输入函数。

案例2-3

图 2-16 所示是计算每个员工工龄工资的示例，工龄工资的计算标准如下。

（1）管理层：
- 工龄不满 1 年，0 元。
- 满 1 年不满 5 年，300 元。
- 满 5 年不满 10 年，500 元。
- 10 年以上，1000 元。

（2）职员：
- 工龄不满 1 年，0 元。
- 满 1 年不满 5 年，100 元。
- 满 5 年不满 10 年，400 元。
- 10 年以上，800 元。

这是一个多分支流程的嵌套 IF 函数判断问题：先判断职位类别，再判断每个职位类别下的工龄情况。绘制逻辑流程图如图 2-17 所示。

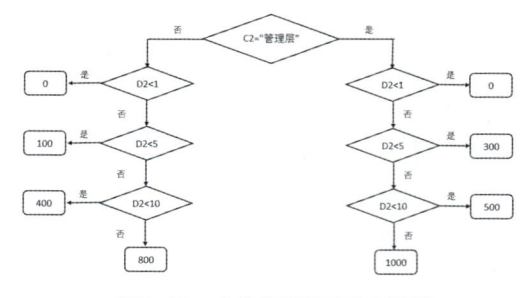

图2-16　根据职位类别和工龄计算工龄工资

图2-17　多分支流程嵌套IF函数

有了这个逻辑流程图，就可以很容易做出计算公式来。详细步骤如下：

步骤 1 单击编辑栏中的"插入函数"按钮 fx，插入父级 IF 函数，打开"函数参数"对话框，输入判断职位类别的条件，如图 2-18 所示。

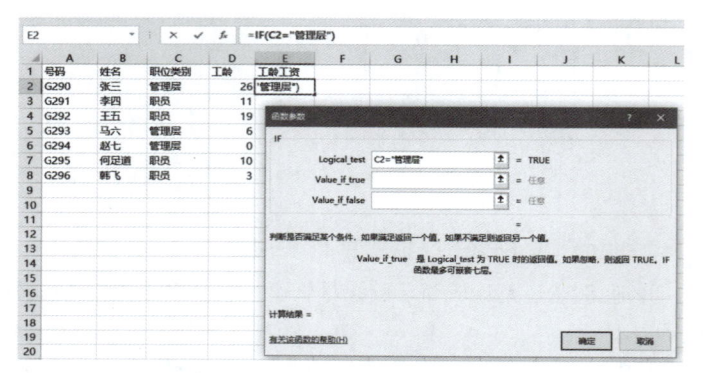

图2-18　输入父级IF函数的条件

步骤 2 将光标移到该函数的第 2 个参数输入框中，单击名称框里的 IF 函数，打开职位类别为管理层下的第 1 个 IF 函数的"函数参数"对话框，输入不满 1 年的条件及结果，如图 2-19 所示。

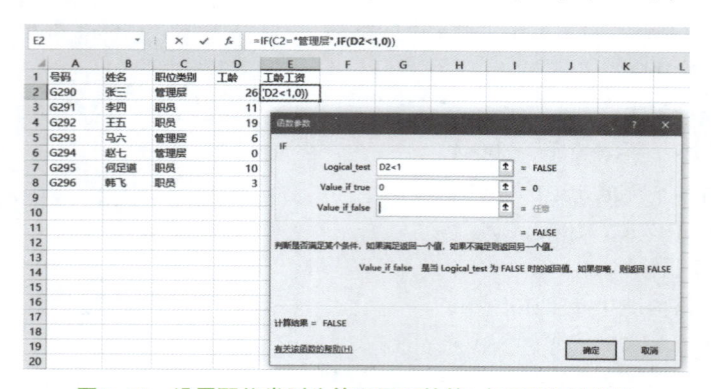

图2-19　设置职位类别为管理层下的第1个IF函数的参数

步骤 3 将光标移到第 3 个参数输入框中，单击名称框里的 IF 函数，打开职位类别为管理层下的第 2 个 IF 函数的"函数参数"对话框，输入满 1 年不满 5 年的条件及结果，如图 2-20 所示。

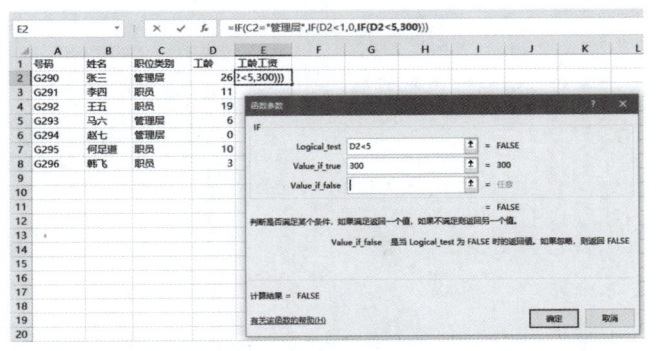

图2-20 设置职位类别为管理层下的第2个IF函数的参数

步骤 4 将光标移到第 3 个参数输入框中，单击名称框里的 IF 函数，打开职位类别为管理层下的第 3 个 IF 函数的"函数参数"对话框，输入满 5 年不满 10 年的条件及结果，以及满 10 年以上的结果，如图 2-21 所示。

至此，职位类别为管理层的各个员工的工龄工资计算完毕。

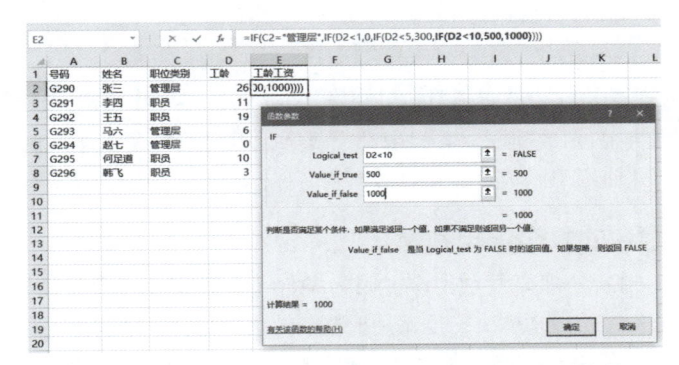

图2-21 设置职位类别为管理层下的第3个IF函数的参数

下面计算职位类别不是管理层的工龄工资。

步骤 5 在编辑栏中单击判断职位类别的父级 IF 函数名称，就打开了父级 IF 函数对话框，如图 2-22 所示。可以看到，管理层的工龄工资计算结果是嵌套 IF 函数。

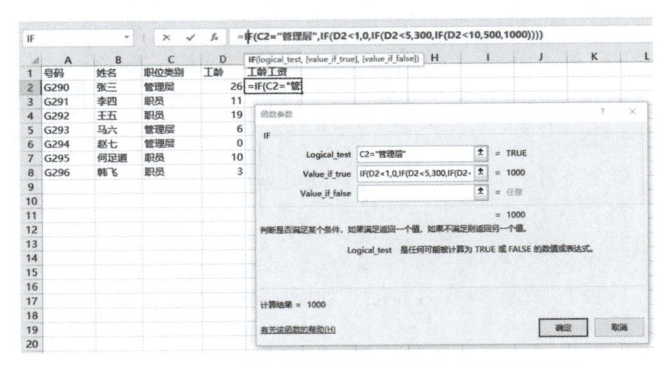

图2-22 返回判断职位类别的父级IF函数对话框

第 2 章 逻辑判断函数：根据条件处理数据

13

步骤 6 将光标移到该 IF 函数的第 3 个参数输入框中，按照上面管理层的嵌套 IF 输入方法，完成职员的工龄工资输入，再返回父级 IF 函数对话框，如图 2-23 所示。

步骤 7 单击"确定"按钮，最终得到的计算公式如下：

```
=IF(C2=" 管理层 ",
    IF(D2<1,0,IF(D2<5,300,IF(D2<10,500,1000))),
    IF(D2<1,0,IF(D2<5,100,IF(D2<10,400,800)))
)
```

计算结果如图 2-24 所示。

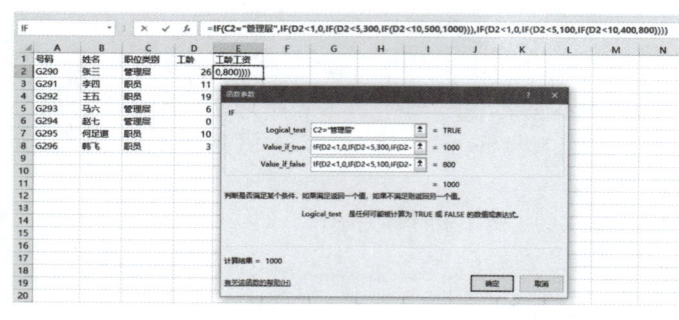

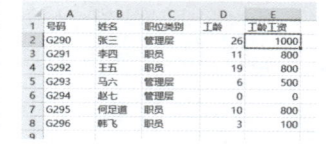

图2-23 完成的多层嵌套IF函数公式　　　　图2-24 工龄工资计算结果

很多类似的嵌套 IF 函数问题，看起来都很复杂，但只要把逻辑思路梳理清楚了，把逻辑流程图画出来，并使用"函数参数"对话框和名称框来输入函数，其实都是很简单的。

2.3.5 多条件组合的复杂逻辑判断

有些情况下的判断处理要复杂得多，因为条件可以是多个，此时需要联合使用 IF 函数、AND 函数、OR 函数来解决，也就是把复杂的条件组合起来进行综合判断。

AND 函数用来组合几个"与"条件，也就是这几个条件必须同时满足，其用法如下：

```
=AND( 条件 1, 条件 2, 条件 3,……)
```

OR 函数用来组合几个"或"条件，也就是这几个条件中，只要有一个满足即可，其用法如下：

```
=OR( 条件 1, 条件 2, 条件 3,……)
```

案例2-4

图 2-25 所示是一份报价数据，现在要求把单价大于 10 万元且年限在 10 年以上的数据删除。

这是两个条件必须同时满足的判断处理问题：单价必须在 10 万元以上，同时年限在 10 年以上。单元格 D2 的公式如下：

```
=IF(AND(B2>100000,C2>10)," 删除 ","")
```

往下复制，就可得到要删除的数据标记，如图 2-26 所示。

图2-25　删除单价大于10万元且年限在10年以上的数据

图2-26　标记要删除的数据

2.4 用IFERROR函数处理公式的错误值

在为数不多的几个逻辑判断函数中，除了常用的IF函数外，还有一个函数在数据分析中也会经常用到，这就是IFERROR函数。

IFERROR函数用于处理公式的错误值。也就是说，如果公式表达式的结果是错误值，就把错误值处理为想要的结果；如果不是错误值，就不用管它。IFERROR函数的用法如下：

=IFERROR(表达式,要处理为的结果)

案例2-5

图 2-27 所示就是利用 IFERROR 函数处理错误值的例子，当出现错误值时，单元格为空。输入的公式如下：

```
=IFERROR(B3/B2,"")
```

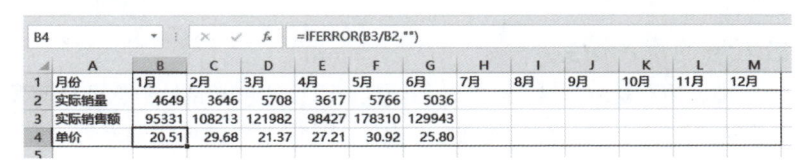

图2-27　利用IFERROR函数处理错误值

当然，对于图 2-27 所示的问题，还可以直接使用 IF 函数来判断处理，输入的公式如下：

```
=IF(B2<>"",B3/B2,"")
```

第 2 章　逻辑判断函数：根据条件处理数据

15

第 3 章
分类汇总函数：根据条件统计数据

"我每个月都要制作人力资源月报，报告的格式一模一样，只不过要把数据换成新的，把上月末的数据粘贴到本月初，把本月新入职和离职的人员筛选出来，数数有几个，分别填写到对应的单元格中，做这样的报告需要两个小时吧。"

"我需要建立一个销售跟踪分析模板，自动从导入的数据中得到每个产品的销售汇总数据，进而分析各个产品销售对企业总收入和总毛利的影响，不想使用数据透视表来做这样的分析报告，因为数据透视表每次都需要刷新，而且某些数据也没法在透视表里计算。"

这样的问题，就是分类汇总问题。第一个是条件计数，第二个是条件求和。这两种分类汇总，是我们在处理数据和分析数据时经常会遇到的。

3.1 直接计数汇总

计数，就是把满足条件的单元格个数统计出来。例如，在 HR 数据分析中，统计每个部门的人数、每个学历的人数、每个年龄段的人数；在财务数据分析中，统计每个客户购买的产品数、每个产品的订单数、每个业务员的订单数、发票张数等。

3.1.1 计数汇总的常用函数

计数汇总，其实并不复杂，以下几个计数函数就可以解决常见的数据统计问题。
- ◎ 统计非空单元格个数：COUNTA 函数。
- ◎ 统计数字单元格个数：COUNT 函数。
- ◎ 统计满足一个条件的单元格个数：COUNTIF 函数。
- ◎ 统计满足多个条件的单元格个数：COUNTIFS 函数。

3.1.2 无条件计数：COUNTA 和 COUNT 函数

无条件计数函数有两个：COUNTA 和 COUNT 函数。前者统计不为空的单元格个数，也就是说，不管单元格的数据是什么类型，只要不是空单元格就算一个；后者是统计单元格是数字的个数，也就是说，单元格的数据只有是数字时才算一个。

两个函数的用法很简单，如下所示：

=COUNTA（单元格区域）
=COUNT（单元格区域）

那么，这两个函数在实际数据分析中，到底有什么用呢？下面结合两个例子来分别说明这两个函数的实际应用。

案例3-1

很多情况下，我们希望以一个动态的数据区域制作数据透视表。因为这个数据区域的大小会随时变化，例如行数增加或减少、列数增加或减少。

在默认情况下，制作的数据透视表是一个固定大小的数据区域，因此当数据源数据增加时，数据透视表即使刷新也不会更新为最新的数据结果。

为了解决这个问题，可以联合使用 OFFSET 函数和 COUNTA 函数引用一个动态数据区域，并利用这个动态数据区域制作数据透视表。

在图 3-1 所示的销售数据中，定义一个动态名称为 Data，其引用位置为：

```
=OFFSET($A$1,,,COUNTA($A:$A),COUNTA($1:$1))
```

定义的动态名称 Data 如图 3-2 所示。

图3-1　销售数据示例　　　　图3-2　定义的动态名称Data

以此动态名称来制作数据透视表，在"创建数据透视表"对话框中，输入定义的名称 Data 作为数据源，如图 3-3 所示。

就得到了图 3-4 所示的报表。

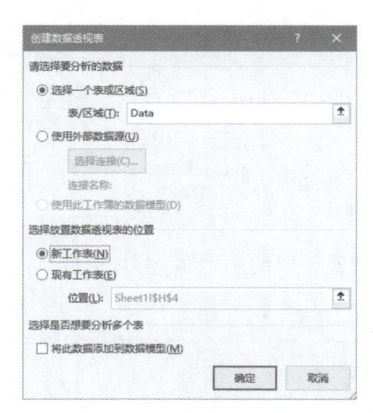

图3-3　以定义的名称作为数据透视表的数据源　　　图3-4　以动态名称Data制作的数据透视表

如果原始数据增加了，只要刷新数据透视表，即可自动得到最新数据透视表，如图 3-5、图 3-6 所示。

图3-5　数据源的数据增加了两行　　　图3-6　数据透视表更新为最新结果

> **注意**
>
> COUNTA函数会把由公式得到的空单元格（例如公式"=IFERROR(B2/C2,"")"）也统计为非空单元格，因为这些空单元格实际上是一个零长度的字符串，是有数据的，只不过看起来似乎没有数据。

如果要统计这样的表格，就不能使用COUNTA函数了，而需要使用SUMPRODUCT函数。

案例3-2

图3-7所示是利用INDIRECT函数建立的滚动汇总表，现在要统计目前共有几个月份。单元格E2的公式如下：

`=COUNT(C9:N9)`

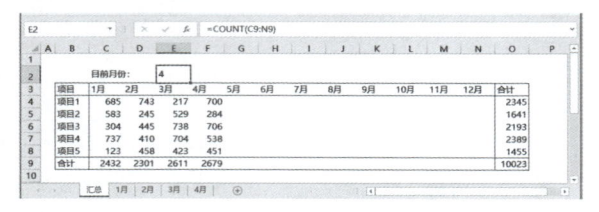

图3-7 统计目前月份

3.1.3 单条件计数：COUNTIF函数

单条件计数可以使用COUNTIF函数，用法如下：

`=COUNTIF(单元格区域，条件值)`

这里的条件值可以是精确的，也可以是模糊的。模糊的条件中，可以是数字的大小判断，也可以是文本字符串的关键词匹配（通配符）。

COUNTIF函数应用非常广泛，使用起来也很方便。它的功能如下。

1. 查找重复数据

我们经常需要从一个列表中查找重复的数据，此时就可以使用COUNTIF函数。

案例3-3

图3-8所示就是一个示例，统计公式如下：

重复次数的公式：`=COUNTIF(A:A,A2)`

第几次出现的公式：`=COUNTIF($A$2:A2,A2)`

注意，两个公式的不同如下。

（1）一个是取整列的区域进行统计，得到的是每个数据重复的次数。

（2）一个是取一个不断往下扩展的统计区域，得到的是每个数据第几次出现。

2. 设置数据验证，不允许输入重复数据

在设计基础表单中，某列的数据输入是不允许重复的，

图3-8 统计重复出现次数

例如，员工花名册中每个员工的身份证号码、员工工号、电话号码等。此时，可以使用 COUNTIF 函数构建公式进行判断，限制输入重复数据。

案例3-4

图 3-9 所示就是一个不允许在 A 列输入重复工号的例子，使用的是自定义数据验证。验证条件公式如下：

`=COUNTIF($A$2:A2,A2)=1`

注意：单元格区域的起始单元格是绝对引用。

当输入了重复数据时，就会弹出警告对话框，如图 3-10 所示。

图3-9 设置数据验证，不允许输入重复的数据

图3-10 输入重复数据时弹出警告对话框

3. 制作员工信息分析报表

COUNTIF 函数更多用在人力资源数据分析中，用来统计人数、制作员工信息分析报告。

案例3-5

图 3-11 所示就是一个例子，要求统计每个部门和每种学历的人数。

单元格 M2 公式为：`=COUNTIF(H:H,L2)`

单元格 P2 公式为：`=COUNTIF(I:I,O2)`

图3-11 统计每个部门的人数和每种学历的人数

4. 模糊匹配统计

COUNTIF 函数的第 2 个参数是指定的条件，前面说过，这个条件可以是精确的（前面介绍的 COUNTIF 函数例子都是精确条件），也可以是模糊的。后者的应用在某些数据处理和分析方面更加方便和有用。

案例3-6

图3-12所示是统计40岁以上（含）和40岁以下的人数，公式分别为：

40岁以上（含）的人数：=COUNTIF(F:F,">=40")

40岁以下的人数：=COUNTIF(F:F,"<40")

在这两个公式中，使用了比较运算符构建大于或者等于、小于的条件。

图3-12 统计40岁以上（含）和40岁以下的人数

案例3-7

图3-13所示是员工的地址表，每个地址中都含有所在省份名称的关键词，现在要统计每个省份的人数。计算公式如下：

=COUNTIF(B:B,"*"&E3&"*")

图3-13 根据关键词统计每个省份的人数

在这个公式中，使用了通配符（*）进行关键词匹配。通配符匹配关键词有以下几种情况（以关键词"北京"为例）。

- 以"北京"开头：北京*。
- 以"北京"结尾：*北京。
- 包含"北京"：*北京*。
- 不包含"北京"：<>*北京*。

3.1.4 多条件计数：COUNTIFS 函数

如果要对满足多个条件的单元格进行统计，这就是多条件计数问题，此时可以使用 COUNTIFS 函数。该函数的用法如下：

=COUNTIFS(统计区域1,条件值1,

统计区域2，条件值2，
统计区域3，条件值3，……)

在使用这个函数时需要注意的是，所有的条件都必须是"与"条件。也就是说，所有的条件必须都满足。

另外，这些条件值，既可以是一个精确值，也可以是大于、等于或小于某个值的模糊条件，或者是诸如开头是、结尾是、包含等关键词的模糊匹配条件。

案例3-8

以"案例3-5"中的员工信息数据为例，要统计各个部门的男女人数。单元格M3的公式如下：

`=COUNTIFS($H:$H,$L3,$G:$G,M$2)`

往右、往下复制，就得到了其他部门男女人数统计结果。

这是两个条件下的计数：部门是一个条件，性别是另一个条件。

统计结果如图3-14所示。

图3-14 统计每个部门的男女人数

案例3-9

仍以"案例3-5"中的员工信息数据为例，要统计各个部门、各个年龄段的人数，则各个单元格的公式如下：

单元格M3： `=COUNTIFS($H:$H,$L3,$F:$F,"<=30")`
单元格N3： `=COUNTIFS($H:$H,$L3,$F:$F,">=31",$F:$F,"<=40")`
单元格O3： `=COUNTIFS($H:$H,$L3,$F:$F,">=41",$F:$F,"<=50")`
单元格P3： `=COUNTIFS($H:$H,$L3,$F:$F,">=51")`

统计结果如图3-15所示。

图3-15 统计各个部门、各个年龄段的人数

在上述公式中，部门的条件是精确的，年龄的条件是模糊的。第 1 个公式和第 4 个公式是两个条件的计数，中间两个公式是 3 个条件的计数。

3.1.5 计数问题总结

不论是无条件计数，还是单条件计数，或者是多条件计数，几个计数函数即可搞定。但在使用这几个函数时，要特别注意以下几点。

（1）要根据实际表格情况和需要解决的问题，选择相应的统计函数。

（2）条件计数函数 COUNTIF 和 COUNTIFS 的统计区域，都必须是工作表中真实存在的区域，而不能是手动设计的数组。

（3）几个统计区域的大小必须一样，不能一个区域有 100 行，另一个区域有 120 行。

3.2 直接求和汇总

求和，就是把满足条件的单元格数据进行加总合计。这样的汇总计算在实际数据处理中比比皆是。例如，计算每个部门的总人工成本，计算每个客户的总销量，计算每个产品的总销售量，计算每个费用项目的总金额等。

3.2.1 求和汇总的常用函数

求和汇总的常用函数包括以下几项。

◎ 无条件求和：SUM 函数。
◎ 单条件求和：SUMIF 函数。
◎ 多条件求和：SUMIFS 函数。

下面结合实际案例来介绍这几个函数的使用方法和技巧。

3.2.2 无条件求和：SUM 函数

无条件求和函数就是指 SUM 函数。但要注意的是，这个函数仅可以对数值型数字求和，会忽略掉文本型数字、文本字符串、逻辑值等，如图 3-16 所示。因此，当发现用 SUM 函数求和的结果是 0 时，首先应该怀疑是否为文本型数字。

如果单元格区域有错误值，SUM 函数得到的结果会出现错误，如图 3-17 所示。这是很容易理解的：错误值怎么相加啊？

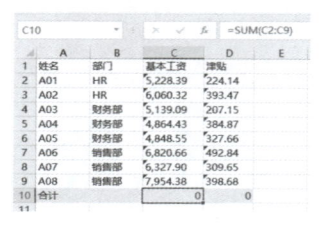

图 3-16 文本型数字无法求和 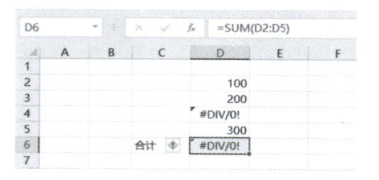　　图 3-17 有错误值的单元格无法求和

如果要对含有错误值的单元格区域进行求和，就需要先使用 IFERROR 函数剔除错误值，然后再用 SUM 函数求和，不过这样的公式就变成了数组公式，需要按 Ctrl+Shift+Enter 组合键。计算公式如下：

```
=SUM(IFERROR(D2:D5,""))
```

对含有错误值的单元格区域求和，如图 3-18 所示。

图3-18　对含有错误值的单元格区域求和

3.2.3　单条件求和：SUMIF 函数

单条件求和，就是把满足一个指定条件的单元格数据相加总，此时，可以使用 SUMIF 函数。该函数的用法如下：

=SUMIF（条件区域，条件值，求和区域）

与介绍过的 COUNTIF 函数相比较，SUMIF 函数仅仅多了第 3 个参数：求和区域。

同样地，条件值可以是精确的，也可以是模糊的。在模糊的条件中，可以是数字的大小判断，也可以是文本字符的关键词匹配（通配符）。

1. 精确匹配求和

案例3-10

图 3-19 所示是很多人喜欢设计的一种表格，在该表格中，每个明细下都有一个小计，而总计却是一个一个单元格相加的结果。计算公式如下：

=C5+C11+C19+C23+C28+C34+C38+C45

图3-19　笨办法的求和公式

这种一个一个单元格相加的公式，工作量大，很容易出错。其实，仔细观察后可以发现，相加的每个单元格都是各个部门的合计数，这个合计数的标记就是 B 列里有"合计"两个字，因此完全可以使用 SUMIF 函数来自动计算总计数。计算公式如下：

=SUMIF($B:$B," 合计 ",C:C)

案例3-11

在第1章的"案例二：销售业绩分析"中，介绍了如何分析今年和去年的销售情况，其中一个表格是每个产品的两年销售毛利数据，如图3-20所示。计算公式如下：

单元格C4：=SUMIF(去年!D:D,B4,去年!H:H)/10000
单元格D4：=SUMIF(今年!D:D,B4,今年!H:H)/10000

图3-20　利用SUMIF函数计算各个产品的毛利

2. 模糊匹配求和

与COUNTIF函数一样，模糊条件匹配时，可以是数值大小比较的条件，也可以是含有关键词的模糊匹配。

案例3-12

图3-21所示是一个把资金收付按照正数和负数记录的表单，现在要求分别计算收款合计和付款合计，那么就可以使用下面的公式：

收款合计：=SUMIF(C:C,">0",C:C)
付款合计：=SUMIF(C:C,"<0",C:C)

图3-21　分别计算收款和付款合计数

案例3-13

在很多从管理系统导出的数据中，会有关键词的存在，此时可以使用通配符来匹配关键词，实现项目的快速汇总，而不需要先进行分列或加工。

图3-22所示就是这样的情况，左侧A:C列是从K3导出的管理费用数据表，右侧是按照部门汇总的结果。

单元格H2的公式如下：

=SUMIF(B:B,"*"&G2,C:C)

因为部门名称在部门编码的右侧，因此使用通配符构建以部门名称结尾的模糊匹配条件。

图3-22 从原始表格中直接计算各个部门的总金额

3.2.4 多条件求和：SUMIFS 函数

当给定的条件是多个时，必须同时满足多个条件才能对单元格求和，这就是多条件求和，此时，可以使用 SUMIFS 函数。

与 COUNTIFS 函数不同的是，SUMIFS 函数多了第 1 个参数求和区域，其他参数及其设置方法是一模一样的。下面举例说明使用 SUMIFS 函数进行多条件求和的技能和技巧。

1. 精确条件求和

精确条件求和是实际应用中最为广泛的。一般情况下，多个条件求和的报表多为二维报表，因此只需要设计好第一个单元格公式（要设置好绝对引用和相对引用），往右或往下复制即可。

案例3-14

如图 3-23 所示，表格左侧是从系统导入的销售明细，现在要求用函数制作右侧的各个产品各个月的销量汇总表。

单元格 J3 的公式如下：

`=SUMIFS($E:$E,$C:$C,$I3,$D:$D,J$2)`

这里，判断月份和判断产品都是精确条件。

图3-23 计算每个产品每个月的销量

2. 模糊条件求和

模糊条件汇总，可以使用数值大小判断条件，也可以使用通配符做关键词匹配。这些条件可以混合使用。

案例3-15

如图 3-24 所示，表格左侧是从系统导入的数据，要求按照工厂分别计算正数和负数的合计数。计算公式如下：

单元格 G2：=SUMIFS(B:B,C:C,F2,B:B,">0")
单元格 H2：=SUMIFS(B:B,C:C,F2,B:B,"<0")

图3-24 计算各个分厂的正数合计和负数合计

案例3-16

如图 3-25 所示，表格左侧是从系统导入的管理费用科目余额表，现在要求用公式制作右侧的各个部门、各项费用的汇总表。

单元格 H3 公式如下：

=SUMIFS($D:$D,$C:$C,"*"&$G3&"*",$B:B,H2)

这里，判断部门是关键词模糊匹配条件，判断费用是精确名称条件。

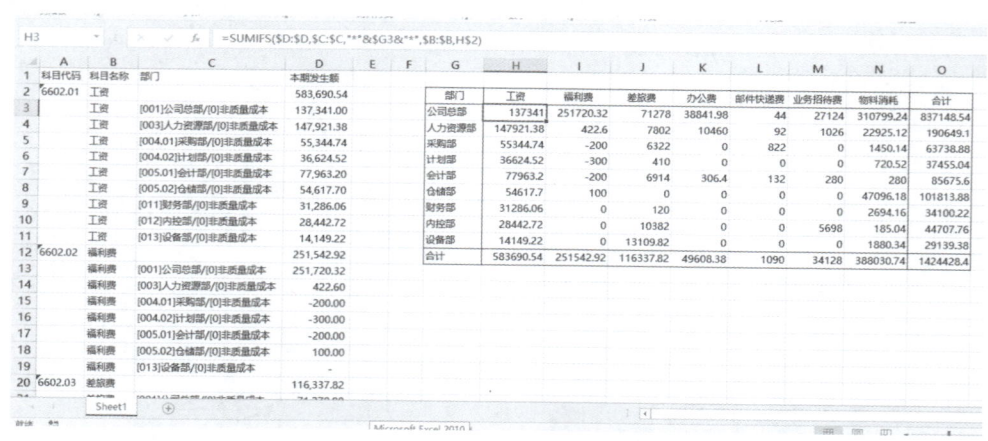

图3-25 汇总各个部门、各项费用的金额

3.3 隐含复杂条件下的汇总计算

不论是使用 COUNTIF 和 COUNTIFS 函数进行条件计数，还是使用 SUMIF 和 SUMIFS 函数进行条件求和，条件区域与求和区域都必须是工作表上真实存在的单元格

区域。这是函数本身规则所要求的。但是，在实际工作中，往往会遇到这样的情况：条件区域在工作表中并不单独存在，而是隐含在某列中。

图 3-26 所示是员工基本信息表，现在要求制作每个月的员工流动报表，也就是分别计算当年每个月的新入职员工和离职员工人数。你会怎么做？效果如图 3-27 所示。

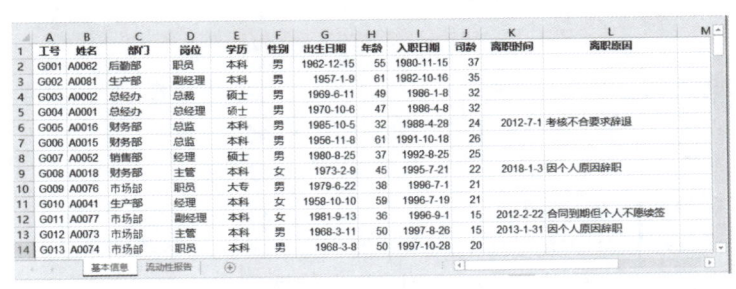

图3-26　员工基本信息表

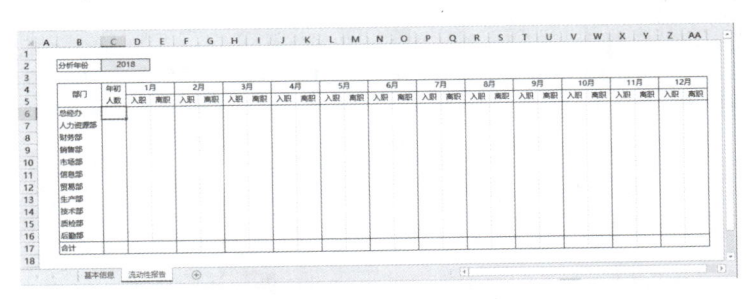

图3-27　流动性分析报告

这样的问题，无法使用通配符或者数值比较来构建条件，而且也不允许在基础表单中插入辅助列。那么，这样的报告该如何入手设计公式呢？

一个可行的解决方案是：使用 SUMPRODUCT 函数。

3.3.1　SUMPRODUCT 函数

SUMPRODUCT 函数的基本应用是对多个数组各个对应的元素进行相乘，然后再把这些乘积相加。该函数的用法如下：

=SUMPRODUCT（数组1，数组2，数组3，……）

在使用这个函数时，要牢记以下 3 点。

（1）各个数组必须具有相同的维数。

（2）非数值型的数组元素（文本、逻辑值）作为 0 处理。

例如，逻辑值 TRUE 和 FALSE 都会被处理成数值 0。为了把 TRUE 还原为数字 1，把 FALSE 还原为数字 0，可以把它们都乘以 1，即 TRUE*1、 FALSE*1。

（3）数组的元素不能有错误值。（试想，错误值能相乘相加吗？）

图 3-28 所示是一份有关各个产品销售单价、销售量和折扣率的数据，现在要求计算所有产品的销售总额、折扣额、销售净额。

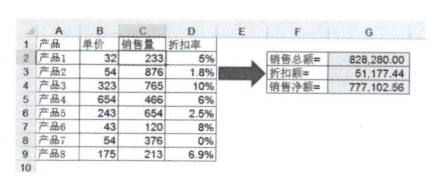

图3-28 SUMPRODUCT函数的基本应用

对于这样的问题，很多人会采用这样的做法：在数据区域的右侧插入两个辅助列，分别计算出每个产品的销售总额和折扣额，再使用SUM函数求和。

◎ 每个产品的销售总额就是每个产品单价和销售量相乘的结果，也就是B列的单价与C列的销售量相乘。

◎ 每个产品的折扣额就是每个产品单价、销售量和折扣率相乘的结果，也就是B列的单价与C列的销售量及D列的折扣率相乘的结果。

这种先把几列（或者几行）数据分别相乘，然后再把这些乘积相加的计算问题，Excel为我们提供了一个非常有用的函数：SUMPRODUCT函数。

在这个例子中，利用SUMPRODUCT函数计算所有产品的销售总额、折扣额、销售净额的公式分别如下：

销售总额：=SUMPRODUCT(B2:B9,C2:C9)
折扣额： =SUMPRODUCT(B2:B9,C2:C9,D2:D9)
销售净额：=SUMPRODUCT(B2:B9,C2:C9,1-D2:D9)

3.3.2 SUMPRODUCT函数用于计数与求和的基本原理

案例3-17

1. 单条件计数与求和

选择区域构建条件进行判断，然后将条件表达式的结果1和0（是由逻辑值TRUE和FALSE变换而来）加起来，就是条件计数了。

如果再将这些1和0与实际想要求和的区域相乘相加，结果就是条件求和了。

如图3-29所示，计算产品1的订单数和销售额。

图3-29 SUMPRODUCT函数用于单条件计数和单条件求和

通常情况下，使用的是COUNTIF函数计数，SUMIF函数求和，计算公式分别为：

订单数：=COUNTIF(B2:B11,"产品1")
销售额：=SUMIF(B2:B11,"产品1",C2:C11)

如果使用SUMPRODUCT函数，计算公式分别为：

订单数：=SUMPRODUCT((B2:B11="产品1")*1)

销售额：`=SUMPRODUCT((B2:B11="产品1")*1,C2:C11)`

先了解一下 SUMPRODUCT 函数计算订单数公式的基本原理和逻辑。在这个公式中，条件表达式"(B2:B11="产品1")"就是判断单元格区域 B2:B11 里哪些单元格是"产品1"，这个表达式的结果就是下面的一组数：

{FALSE;FALSE;TRUE;TRUE;FALSE;TRUE;FALSE;FALSE;FALSE;TRUE}

由于 SUMPRODUCT 函数把逻辑值处理为 0，为了能够计算，将逻辑值乘以 1，即表达式"(B2:B11="产品1")*1"，其结果就是由 1 和 0 组成的一组数，1 表示条件成立，0 表示条件不成立：

{0;0;1;1;0;1;0;0;0;1}

将这组数中的 0 和 1 相加，就是满足条件的个数，也就是产品 1 的个数：

SUMPRODUCT({0;0;1;1;0;1;0;0;0;1}) = 4

因此，仅仅写出了条件表达式，而不是求和区域，SUMPRODUCT 的结果就是条件计数。

再看 SUMPRODUCT 函数计算销售额公式的基本原理和逻辑。在这个公式中，条件表达式"(B2:B11="产品1")*1"的结果是下面的一组数：

{0;0;1;1;0;1;0;0;0;1}

而 C2:C11 是下面的一组数：

{26;17;10;18;27;25;22;13;12;14}

将这两个数组依次相乘后相加，就是满足条件的合计数，也就是产品 1 的销售额：

SUMPRODUCT({0;0;1;1;0;1;0;0;0;1},{26;17;10;18;27;25;22;13;12;14}) = 67

2. 多条件计数与求和

如果要计算 2 月份产品 1 的订单数与销售额呢？这是两个条件的计数与求和了。

但是，A 列只是一个日期，日期是数字，并不是文本字符"1月""2月"等，此时，使用 COUNTIFS 函数和 SUMIFS 函数是行不通的，因为这两个函数要求条件判断区域是工作表上真实存在的，但这个表格中，并没有月份一列数据。

如果要求使用一个函数公式来解决这样的问题，只能使用 SUMPRODUCT 函数了，输入的公式如下：

2 月份产品 1 的订单数：`=SUMPRODUCT((TEXT(A2:A11,"m月")="2月")*1,(B2:B11="产品1")*1)`

2 月份产品 1 的销售额：`=SUMPRODUCT((TEXT(A2:A11,"m月")="2月")*1,(B2:B11="产品1")*1,C2:C11)`

结果如图 3-30 所示。

	A	B	C	D	E	F	G	H
1	日期	产品	销售额					
2	2018-1-23	产品2	26					
3	2018-1-24	产品4	17		2月份产品1的订单数		2	=SUMPRODUCT((TEXT(A2:A11,"m月")="2月")*1,(B2:B11="产品1")*1)
4	2018-1-27	产品1	10		2月份产品1的销售额		43	=SUMPRODUCT((TEXT(A2:A11,"m月")="2月")*1,(B2:B11="产品1")*1,C2:C11)
5	2018-2-13	产品1	18					
6	2018-2-22	产品3	27					
7	2018-2-23	产品1	25					
8	2018-2-25	产品2	22					
9	2018-2-27	产品4	13					

图 3-30 SUMPRODUCT 函数用于多条件计数和多条件求和

在这两个公式中，增加了一个判断月份的条件：

`(TEXT(A2:A11,"m月")="2月")*1`

其原理是先使用 TEXT 函数将 A 列的日期转换为月份名称，也就是以下表达式：

```
TEXT(A2:A11,"m月")
```

其结果是下面的一组数：

{"1月";"1月";"1月";"2月";"2月";"2月";"2月";"2月";"3月";"3月"}

然后将这组数与"2月"做比较，也就是以下表达式：

```
(TEXT(A2:A11,"m月")="2月")
```

其结果是下面的一组数：

{FALSE;FALSE;FALSE;TRUE;TRUE;TRUE;TRUE;TRUE;FALSE;FALSE}

将这组数乘以 1，转换数字 1 和 0，就得到下面的结果：

{0;0;0;1;1;1;1;1;0;0}

这样，计算 2 月份产品 1 的订单数，实质上就是下面两组数相乘相加的结果：

{0;0;0;1;1;1;1;1;0;0}　　　　　　判断月份
{0;0;1;1;0;1;0;0;0;1}　　　　　　判断产品

而计算 2 月份产品 1 的销售额，实质上就是下面 3 组数相乘相加的结果：

{0;0;0;1;1;1;1;1;0;0}　　　　　　判断月份
{0;0;1;1;0;1;0;0;0;1}　　　　　　判断产品
{26;17;10;18;27;25;22;13;12;14}　要相加的销售额

3.3.3　使用 SUMPRODUCT 函数进行条件计数

在了解了 SUMPRODUCT 函数进行条件计数的原理后，再来制作提到的员工流动性分析报告。

案例3-18

参照图 3-27，先看年初人数。

年初人数，是 4 个条件的计数：指定部门、是否为以前年份入职的、以前年份是否在职、是否是本年度离职的，后两个条件是或条件。单元格 C6 的公式如下：

```
=SUMPRODUCT(
        (基本信息!$C$2:$C$500=$B6)*1,
        (基本信息!$I$2:$I$500<DATE($C$2,1,1))*1,
        ((基本信息!$K$2:$K$500="")+(YEAR(基本信息!$K$2:$K$500)=$C$2)))
```

1 月份的新入职人数是 3 个条件的计数：指定部门、指定入职年份、指定入职月份。单元格 D6 的公式如下：

```
=SUMPRODUCT((基本信息!$C$2:$C$500=$B6)*1,
        (YEAR(基本信息!$I$2:$I$500)=$C$2)*1,
        (TEXT(基本信息!$I$2:$I$500,"m月")=D$4)*1
)
```

1 月份的离职人数是 3 个条件的计数：指定部门、指定离职年份、指定离职月份。单元格 D6 的公式如下：

```
=SUMPRODUCT((基本信息!$C$2:$C$500=$B6)*1,
            (YEAR(基本信息!$K$2:$K$500)=$C$2)*1,
            (TEXT(基本信息!$K$2:$K$500,"m月")=D$4)*1
)
```

其他月份的计算公式可以复制得到，最后的结果如图3-31所示。

图3-31 流动性分析报告

但这个表格很难看，因为表格中有大量的数字0。此时，可以通过设置Excel选项来不显示数字0，或者设置自定义数字格式隐藏0，就可以得到如图3-32所示的结果。

图3-32 隐藏0后的流动性分析报告

3.3.4 使用SUMPRODUCT函数进行条件求和

使用SUMPRODUCT函数进行条件求和的方法与计数是一样的，只不过多了一个求和区域而已。

案例3-19

如图3-33所示，左侧3列是从系统导入的原始数据，其中A列并不是真正的日期。现在要求直接用公式从原始数据计算各个产品每个月的销售额。

图3-33 原始数据的A列数据不是真正的日期

31

单元格 G2 的公式如下：

```
=SUMPRODUCT((TEXT(MID($A$2:$A$1000,3,2),"0月")=G$1)*1,
            ($B$2:$B$1000=$F2)*1,
            $C$2:$C$1000
)
```

公式中第 1 个条件：(TEXT(MID($A$2:$A$1000,3,2),"0月")=G$1)*1，是先用 MID 函数把日期数据的中间两位数字取出来（即月份），再用 TEXT 函数把取出的这个数字转变成报告月份标题文字形式，最后再与报告中的月份名称进行比较。

3.4 超过15位数字长编码的条件计数与求和问题

案例3-20

不论是 COUNTIF、COUNTIFS 函数，还是 SUMIF 和 SUMIFS 函数，当要计算超过 15 位的数字表示的长编码时要特别注意，直接设置条件会得到错误的结果，如图 3-34 所示。

	A	B	C	D	E	F	G	H
1	编码	数量			指定编码	合计数		
2	1100000000000001001	1			1100000000000001001	28	=SUMIF(A2:A8,E3,B2:B8)	错误的公式
3	1100000000000001002	2						
4	1100000000000001003	3						
5	1100000000000001001	4				11	=SUMIF(A2:A8,"*"&E3,B2:B8)	
6	1100000000000001002	5				11	=SUMIF(A2:A8,E3&"*",B2:B8)	正确的公式
7	1100000000000001001	6				11	=SUMPRODUCT((A2:A8=E3)*1,B2:B8)	
8	1100000000000001005	7						

图3-34 超过15位数字长编码的错误计算与正确计算公式

使用 SUMIF 函数直接设置条件的公式，其结果是错误的：

`=SUMIF(A2:A8,E3,B2:B8)`

因为这些编码的前 15 位数字是相同的，尽管后几位数字不同，SUMIF 函数仍然认为这些数据是一样的。

正确的做法是在条件值的前面或后面连接一个通配符，输入的公式如下：

`=SUMIF(A2:A8,"*"&E3,B2:B8)`

或者

`=SUMIF(A2:A8,E3&"*",B2:B8)`

也可以使用 SUMPRODUCT 函数，输入的公式如下：

`=SUMPRODUCT((A2:A8=E3)*1,B2:B8)`

第 4 章
查找与引用函数：根据条件查找数据或引用单元格

"我要把数据从一个表格搬到另一个表格，尽管可以使用 VLOOKUP 函数来搬数据，仍觉得不方便，因为表格太大了，结构也会经常变化。针对这样的情况，怎么做优化？"

"我用过 VLOOKUP 函数，也会使用 INDEX 函数。现在的情况是，我要从数百个工作表中，把满足条件的数据提取出来，保存到汇总表中，以便进一步分析。一个一个工作表链接查找公式都太麻烦，何况数百个工作表啊！"

"我想制作一个可以查看任意指定项目、指定月份的当月数或者累计数的预算分析模板。我现在都是笨笨地手动取数，不断地复制粘贴，没法做成动态的。真心地说，这样做是挺累的。"

诸如此类，就是数据查找与引用的问题，这也是实际数据处理和分析中经常会遇到的问题。此时可以使用以下几个实用的函数。

◎ VLOOKUP（HLOOKUP、LOOKUP 函数）函数。
◎ MATCH 函数。
◎ INDEX 函数。
◎ INDIRECT 函数。
◎ OFFSET 函数。
◎ CHOOSE 函数。
◎ 其他（如 ROW、COLUMN 函数）函数。

这些函数，有时候单独使用即可解决问题，有时候则要几个联合使用。而本书后面将要介绍的动态图表的制作，更是离不开这样的查找函数了。

4.1 基本查找：VLOOKUP函数

在为数不多的几个查找函数中，VLOOKUP 函数是应用最频繁的函数。然而，这个函数的使用，有很多需要注意的地方，也有很多灵活运用的方法，这些，你是不是也很清楚了？

4.1.1　VLOOKUP 函数的基本语法和应用

1. 基本语法

VLOOKUP 函数是根据指定的一个条件，在指定的数据列表或区域内，在第一列里匹配是否满足这个指定的条件，然后从右边某列提取出满足该条件的数据。使用方法如下：

=VLOOKUP（匹配条件，查找列表或区域，取数的列号，匹配模式）

该函数的4个参数说明如下（参见图4-1中的"函数参数"对话框）。
- 匹配条件：是指定的查找条件。
- 查找列表或区域：是一个至少包含一列数据的列表或单元格区域，并且该区域的第一列必须含有要匹配的条件，也就是说谁是匹配值，就把谁选为区域的第一列。
- 取数的列号：是指定从最左边的条件列算起，往右数到哪列里取数。
- 匹配模式：是指做精确定位单元格查找和模糊定位单元格查找（当为TRUE或者1或者忽略时，做模糊定位单元格查找，当为FALSE或者0时，做精确定位单元格查找）。

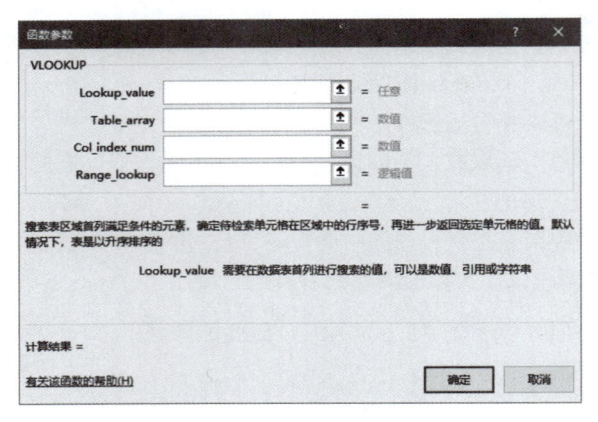

图4-1　VLOOKUP函数的"函数参数"对话框

2. 应用场合

VLOOKUP函数的应用是有条件的，并不是任何查找问题都可以使用VLOOKUP函数。要使用VLOOKUP函数，必须满足以下5个条件。
- 查找区域必须是列结构的，也就是数据必须按列保存（这就是为什么该函数的第1个字母是V的原因了，V就是英文单词Vertical的缩写）。
- 匹配条件必须是单条件的。
- 查找方向是从左往右的，也就是说，匹配条件在数据区域的左边某列，要取的数在匹配条件的右边某列。
- 在查找区域中，匹配条件不允许有重复数据。
- 匹配条件不区分大小写。

把VLOOKUP函数的第1个参数设置为具体的值，从查询表中数出要取数的列号，并且第4个参数设置为FALSE或者0，这是最常见的用法。

3. 基本应用

案例4-1

在图4-2所示的例子中，左侧是工资表，右侧是加班表，现在要求从加班表中把每个人的加班费提取到工资表的F列单元格。

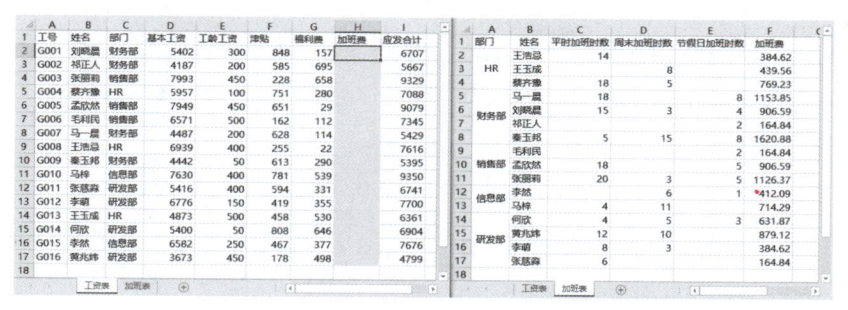

图4-2 从加班表中提取每个人的加班费

以第一个人"刘晓晨"为例，VLOOKUP 函数查找数据的逻辑描述如下。

（1）姓名"刘晓晨"是条件，是查找的依据（匹配条件），因此 VLOOKUP 的第 1 个参数是 A2 指定的具体姓名。

（2）搜索的方法是从"加班表"工作表的 B 列里从上往下依次匹配哪个单元格是"刘晓晨"，如果是，就不再往下搜索，转而往右跑到 F 列里提取出"刘晓晨"的加班费，因此 VLOOKUP 函数的第 2 个参数是从"加班费"工作表的 B 列开始，到 F 列结束的区域。

（3）我们是取"加班费"这列的数，在"加班表"工作表中，从"姓名"这列算起，往右数到第 5 列是要提取的加班费数据，因此 VLOOKUP 函数的第 3 个参数是 5。

（4）因为要在"加班表"的 B 列里精确定位到有"刘晓晨"姓名的单元格，所以 VLOOKUP 函数的第 4 个参数要输入 FALSE 或者 0。

这样，工资表中单元格 H2 的查找公式如下：

`=VLOOKUP(B2,加班表!B:F,5,0)`

最后结果如图 4-3 所示。

图4-3 提取每个人的加班费

4.1.2 与 COLUMN 或 ROW 函数联合使用

当要在表格中从左往右依次取出各列数据时，可以使用 COLUMN 函数自动输入取数的列号数字。COLUMN 函数可以获取单元格的列号。

例如，COLUMN(B1) 的结果是 2，因为单元格 B1 在第 2 列；COLUMN(E1) 的结果是 5，因为单元格 E1 在第 5 列。如果 COLUMN 函数没有指定具体的单元格，那么该函数的结果就是公式所在单元格的列号。

与 COLUMN 函数相对应的是 ROW 函数，该函数可以获取单元格的行号。

例如，ROW(A2) 的结果是 2，因为单元格 A2 在第 2 行；ROW(A5) 的结果是 5，因为单元格 A5 在第 5 行。如果 ROW 函数没有指定具体的单元格，那么该函数的结果就是公式所在单元格的行号。

案例4-2

以"案例 4-1"的工资表数据为例，现在要制作一个可以查看任意指定员工的各个工资项目的查询表，如图 4-4 所示。

在单元格 B5 中输入如下公式，然后往右复制即可。

=VLOOKUP($C$2,工资表!$B:$I,COLUMN(C1),0)

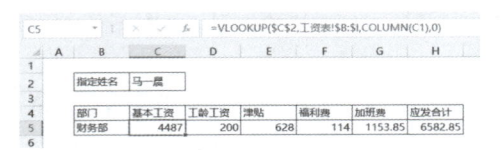

图4-4　查找指定员工的工资数据

如果将查询表设计成如图 4-5 所示的结构，那么在单元格 C4 中输入如下公式，然后往下复制即可。

=VLOOKUP($C$2,工资表!$B:$I,ROW(A2),0)

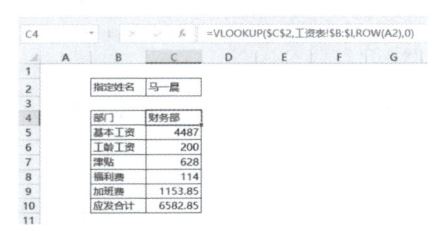

图4-5　查找指定员工的工资数据

4.1.3　与 MATCH 函数联合使用

利用 COLUMN 函数和 ROW 函数作为 VLOOKUP 函数的第 3 个参数，只能在查询的数据列是一致的情况下使用。如果不一致呢？如果要提取的数据仅仅是其中的某几列呢？很多人会一列一列地数位置，然后手动输入列号。

其实，大可不必这样做，因为有一个函数可以完成这样的定位工作，这就是 MATCH 函数。

关于 MATCH 函数的原理和用法，将在后面详细介绍，这里只是说明一下，如何联合使用 MATCH 函数和 VLOOKUP 函数做灵活查找。

在"案例 4-2"中，使用了 COLUMN 函数和 ROW 函数来确定取数位置。如果项目位置变化了，这个公式就不能使用了。而使用 MATCH 函数，就可以不用再操心这个位置变化的问题了。

图 4-4 所示的公式可以修改为：

```
=VLOOKUP($C$2,工资表!$B:$I,MATCH(B4,工资表!$B$1:$I$1,0),0)
```

图 4-5 所示公式可以修改为：

```
=VLOOKUP($C$2,工资表!$B:$I,MATCH(B4,工资表!$B$1:$I$1,0),0)
```

案例4-3

图 4-6 所示是一个简单的动态图，在单元格 J2 中指定要分析的产品，则在 J 列得到该产品各月的数据，进而图表就发生了变化。

在单元格 J3 中输入如下公式，往下复制就可得到各个月份的数据。

```
=VLOOKUP(I3,$B$3:$G$14,MATCH($J$2,$B$2:$G$2,0),0)
```

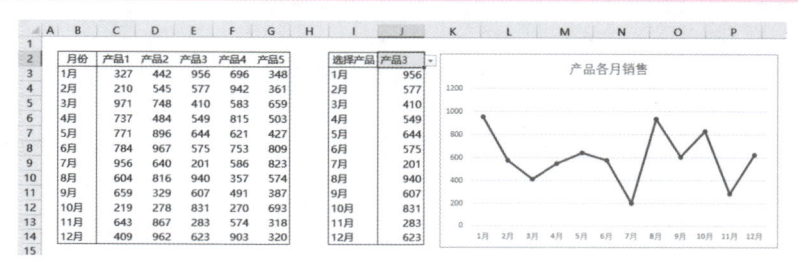

图4-6 简单的动态图

为什么单元格 J2 产品变化后，图表就改变了？因为图表是用单元格区域 J3:J14 绘制的。

为什么单元格区域 J3:J14 的数据变化了？因为公式里是使用 MATCH 函数把单元格 J2 指定的产品位置自动定位出来的，进而使用 VLOOKUP 查找出来。

4.1.4 与 IF 函数联合使用

如果表格比较特殊，需要从不同的区域查找数据，或者从不同的列里查找数据，那么就可以使用 IF 函数进行判断，到底选择哪个区域，或者从哪列取数呢？

案例4-4

在图 4-7 所示例子中，右侧是各个工作地区、不同工龄的津贴标准，现在要根据每个员工的工作地区和工龄，确定其津贴。

在津贴标准表中，最左侧是地区，右侧 5 列是不同工龄区间下的津贴数据。这样，我们可以使用 VLOOKUP 函数，根据地区名称来查找数据，而取数的列位置，则可以使用嵌套 IF 进行判断确定。

单元格 D2 的公式如下：

```
=VLOOKUP(B2,
    $G$4:$L$8,
    IF(C2<1,2,IF(C2<6,3,IF(C2<11,4,IF(C2<21,5,6)))),
    0)
```

这个问题的逻辑思路图如图 4-8 所示。

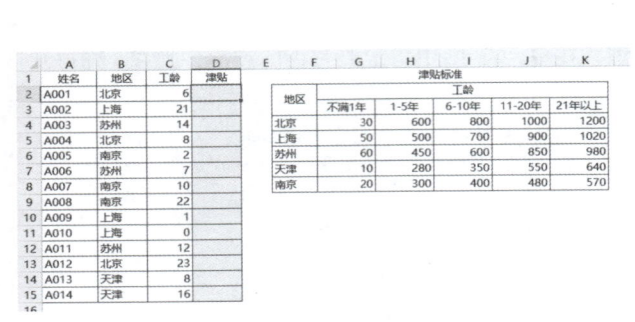

图4-7 确定每个员工的津贴

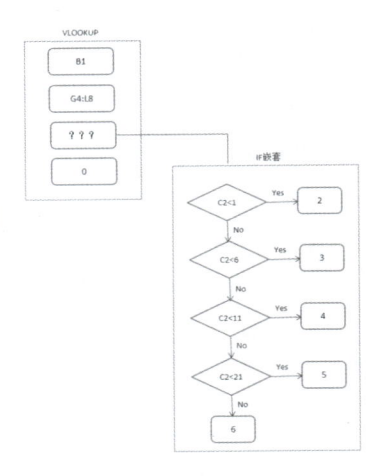

图4-8 逻辑思路图

案例4-5

图 4-9 所示是一个各个部门在省内外的各种收入统计汇总表，现在要求制作一个能够查看省内、省外和收入类型的各个部门业绩对比分析图。

图4-9 收入统计汇总表

在单元格 C11 和单元格 C12 中设置数据验证，方便选择地区和收入类别，然后设计查找数据区域，查找各个部门的业绩，如图 4-10 所示。单元格 C13 的公式如下：

=VLOOKUP(B13,$B$4:$H$9,MATCH($C$12,$B$3:$E$3,0)+IF($C$11="省内",0,3),0)

然后根据单元格区域 B13:C18 绘制柱形图并美化，就得到了需要的分析图表。

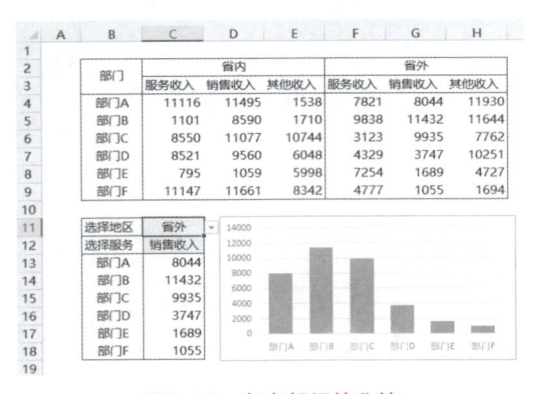

图4-10 各个部门的业绩

在这个公式中，巧妙地利用了 IF 函数来判断省内、省外的位置差异，并把这个差异补到 MATCH 函数所确定的位置上，得到指定地区、指定收入类别的实际位置，然后使用 VLOOKUP 函数提取出各个部门的数据。

4.1.5 与 OFFSET 函数联合使用

VLOOKUP 函数的第 2 个参数是查找区域，有时候该查找区域是变动的，此时就可以使用 OFFSET 函数获取这个变动的数据区域，进而实现从不同区域查找数据。

关于 OFFSET 函数的具体用法，后面再进行介绍。这里仅仅说明的是，OFFSET 函数也可以放到 VLOOKUP 函数里使用。

案例4-6

如图 4-11 所示，左侧是从 K3 导出的管理费用数据表，每个费用项目下都是相同的部门。现在要求把这个表格汇总成右侧的二维报表。

要注意的是，费用项目名称和部门名称都保存在了 B 列，因此当提取某个费用项目下各个部门数据时，数据区域的位置是不一样的。

首先使用 MATCH 函数定位某个费用项目的位置，然后使用 OFFSET 函数获取这个费用项目的数据区域（每个费用项目数据区域共有 8 行高、2 列宽），并把这个区域作为 VLOOKUP 函数的第 2 个参数。

单元格 G4 的公式如下：

`=VLOOKUP($F4,OFFSET($B$2,MATCH(G$3,$B$3:$B$50,0),,8,2),2,0)`

图4-11 从原始数据直接制作汇总报表

4.1.6 与 INDIRECT 函数联合使用

如果需要从结构相同（指的是列结构相同，行数可以不同）的大量工作表中查找需要的数据，怎样做才最简便呢？下文将予以介绍。

案例4-7

图 4-12 所示就是一个示例。本例共有 66 家店铺工作表，现在要求制作分析报表，能够指定要分析的项目，及查看各个店铺该项目的数据。

在查询汇总表中，单元格 C2 指定要分析的项目，现在的任务就是从每个店铺工作表中，查询出该项目的数据，保存到 C 列各个店铺单元格中。

在每个店铺工作表中，A 列是项目名称，B 列是金额数字，因此使用 VLOOKUP 函数就可以了。

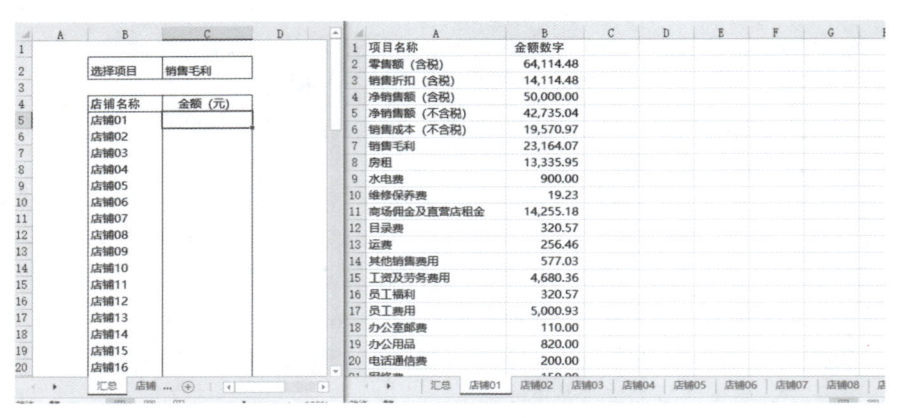

图4-12 查询大量工作表

但是，我们不可能对每个工作表都引用一次区域，做出 66 个公式。这样效率太低不可取。由于汇总表 B 列保存的就是店铺工作表名称，因此可以通过利用 INDIRECT 函数使用这列的店铺名称，间接引用每个店铺的工作表区域。有了这样的思路，就可以在单元格 C5 中输入如下公式：

=VLOOKUP($C$2,INDIRECT(B5&"!A:B"),2,0)

这里，INDIRECT(B5&"!A:B") 代表间接引用某个店铺 A 列和 B 列数据区域，它是 VLOOKUP 函数的第 2 个参数。

关于 INDIRECT 函数的原理和详细用法，也将在后面进行详细介绍。

4.1.7　第 1 个参数使用通配符做关键词匹配查找

VLOOKUP 函数的第 1 个参数是匹配条件。既然它是条件值，当作为文本字符时，就可以做关键词匹配。例如，想查找含有"环保"的项目，并且含有"环保"字符的项目只有一个。

这种情况下，可以使用通配符来构建匹配条件，就像第 3 章介绍条件计数与条件求和函数里的条件值一样。

案例4-8

图 4-13 所示是一个示例，要求在 D 列输入某个目的地后，E 列会自动从价目表里匹配出价格。

但是，价目表里的地址并不是一个单元格就只保存一个省份名称，而是把价格相同的省份保存在了一个单元格，此时，查找的条件就是从某个单元格里查找是否含有指定的省份名字了，这种情况下，在查找条件里使用通配符即可。单元格 E2 的公式如下：

=VLOOKUP("*"&D2&"*",$I$3:$J$9,2,0)

	A	B	C	D	E	F	G	H	I	J
1	日期	接单人	件数	目的地	单价	金额			价目表	
2	2017-9-10	A	1	河北	6.5	6.5			地址	价格
3	2017-9-11	B	1	上海	4	4			江苏、浙江、上海	4
4	2017-9-12	A	2	云南	9	18			安徽	5
5	2017-9-13	D	5	重庆	9	45			北京，天津，广东、福建、山东、湖北、湖南	6
6	2017-9-14	C	1	上海	4	4			江西、河南、河北、山西	6.5
7	2017-9-15	C	3	江苏	4	12			广西	7.5
8	2017-9-16	A	6	江苏	4	24			陕西、辽宁	8
9	2017-9-17	B	8	天津	6	48			吉林、黑龙江、云南、贵州、四川、重庆、海南	9
10	2017-9-18	A	2	山东	6	12				
11	2017-9-19	B	1	广东	6	6				
12	2017-9-20	C	10	安徽	5	50				
13	2017-9-21	C	1	广西	7.5	7.5				
14	2017-9-22	B	2	山西	6.5	13				
15										

图4–13　VLOOKUP函数的第1个参数使用通配符

4.1.8　第 4 个参数输入 TRUE、1 或留空时的模糊查找

案例4–9

扫码看视频

当 VLOOKUP 函数的第 4 个参数留空，或者输入 TRUE，或者输入 1 时，函数就是模糊匹配定位查找了。这是什么意思呢?

比如，以图 4-14 所示数据为例，要计算业务员的提成，不同的达成率有不同的提成比例。就说业务员 A001 吧，他的达成率是 110.31%，但在提成标准表里是找不到这个比例数字的，它只是坐落在 100%~110% 这个区间内，对应的提成比例是 12%。很多人会立刻想到用嵌套 IF，但是来回套用也太麻烦。

如果在提成标准的左边做一个辅助列，输入达成率区间的下限值，并做升序排序，那么使用下面的查找公式，就可以非常方便地找出每个人的提成比例了。

```
=VLOOKUP(D2,$I$2:$K$15,3)
```

此时， VLOOKUP 函数的查找原理是这样的：你现在命令它去 I 列里搜索 110.31%；它找了一圈没找到，就问怎么办；你现在把第 4 个参数留空了，就是在命令它往回找，去找小于或等于 110.31% 的最大值（就是在小于或者等于 110.31% 的所有数据中，寻找最接近 110.31% 的数）；它就说好吧，这个值是 110%，对应的提成比例是 12%；你说就是它了！

	A	B	C	D	E	F	G	H	I	J	K
1	业务员	目标	实际销售额	达成率	提成比例	提成额				提成标准	
2	A001	2250	2482	110.31%	12%	297.84			下限值	达成率	提成比率
3	A002	390	612	156.92%	20%	122.4			0	40%以下	1%
4	A003	1240	857	69.11%	6%	51.42			40%	40-50%	3%
5	A004	560	1410	251.79%	30%	423			50%	50-60%	4%
6	A005	1010	711	70.40%	7%	49.77			60%	60-70%	6%
7	A006	2420	2558	105.70%	10%	255.8			70%	70-80%	7%
8	A007	1180	1826	154.75%	20%	365.2			80%	80-90%	8%
9	A008	810	2533	312.72%	45%	1139.85			90%	90-100%	9%
10	A009	2860	1684	58.88%	4%	67.36			100%	100-110%	10%
11	A010	580	981	169.14%	20%	196.2			110%	110-120%	12%
12	A011	1700	1276	75.06%	7%	89.32			120%	120-150%	15%
13	A012	750	231	30.80%	1%	2.31			150%	150-200%	20%
14	A013	990	1263	127.58%	15%	189.45			200%	200-300%	30%
15	A014	2110	1967	93.22%	9%	177.03			300%	300%以上	45%
16											

Sheet1

图4–14　计算业务员的提成

所以，当 VLOOKUP 函数的第 4 个参数留空，或者输入 TRUE，或者输入 1 时，这个函数就是寻找最接近与指定条件值的最大数据，此时必须满足下面的条件。

（1）查找条件必须是数字。

（2）必须在查询的左边做一个辅助列，输入区间的下限值，并进行升序排序。

这种模糊定位查找，可以替代嵌套 IF 函数，让公式更加简单，也更加高效，同时，如果提成标准变化了，公式是不需要改动的。

4.1.9 条件在右、结果在左的反向查找

VLOOKUP 函数的根本用法是从左往右查找数据，也就是说，条件在左，结果在右。

但是，如果条件在右边，结果在左边，此时就变成了从右往左查找数据，能不能使用 VLOOKUP 函数？

直接使用 VLOOKUP 函数是不行的，因为它违背了函数的基本规则。有人说，把条件调到左边就可以使用 VLOOKUP 函数了。但是，如果原始数据表格列不允许挪动呢？

其实，可以构建一个判断数组，在公式中把条件列和结果列互调位置，从而实现 VLOOKUP 函数的反向查找。

在图 4-15 所示例子中，要把指定姓名的社保号找出来，但是姓名在右边，社保号在左边。下面的公式就可实现这样的反向查找：

`=VLOOKUP(G2,IF({1,0},C2:C9,B2:B9),2,0)`

在这个公式中，IF({1,0},C2:C9,B2:B9) 的作用实际上是在公式中重新排列组合了数据，把姓名列数据和社保号列数据调换了位置，其效果如图 4-16 所示。这样 VLOOKUP 就可以正常查找数据了。

要特别注意的是，这种方法并不是指 VLOOKUP 函数可以真正从右往左查找数据。

图 4-15 根据姓名查找社保号：姓名在右边，社保号在左边

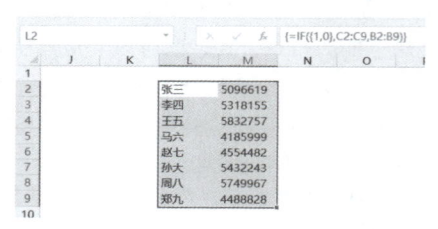

图 4-16 IF({1,0},C2:C9,B2:B9) 的作用：调换条件列和结果列的位置

4.1.10 找不到数据是怎么回事

在分析表中查不到已有数据的原因如下。

原因 1：查找依据和数据源中的数据格式不匹配（比如一个是文本型数字，另一个却是纯数字）。

原因 2：数据源中存在空格或者看不见的特殊字符。

原因 3：第 4 个参数留空了；输入 TRUE 或者 1，而要求的却是做精确定位查找。

原因 4：表格结构不是列结构。

4.1.11 HLOOKUP 函数

VLOOKUP 函数只能用在列结构表格中，从左往右查找数据。对于行结构表格，要实现从上往下查找数据，就是说，匹配条件在上面的一行，查询结果在下面的某行，此时就

可以使用 HLOOKUP 函数。

HLOOKUP 函数的用法如下：

```
=HLOOKUP(匹配条件,查找列表或区域,取数的行号,匹配模式)
```

HLOOKUP 函数名称的第 1 个字母 H 表示水平方向的意思（Horizental）。

例如，根据左侧的表格，制作右侧的查询表，把每个地区的产品合计数提取出来，如图 4-17 所示。

在这里，地区是条件，在第一行；合计是需要的结果，在第 10 行。因此，可以使用 HLOOKUP 函数进行查找。查找公式如下：

```
=HLOOKUP(J3,$B$1:$G$10,10,0)
```

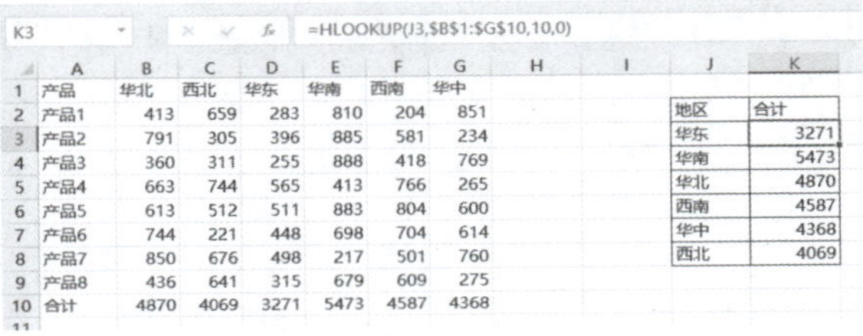

K3 =HLOOKUP(J3,$B$1:$G$10,10,0)

	A	B	C	D	E	F	G	H	I	J	K
1	产品	华北	西北	华东	华南	西南	华中				
2	产品1	413	659	283	810	204	851			地区	合计
3	产品2	791	305	396	885	581	234			华东	3271
4	产品3	360	311	255	888	418	769			华南	5473
5	产品4	663	744	565	413	766	265			华北	4870
6	产品5	613	512	511	883	804	600			西南	4587
7	产品6	744	221	448	698	704	614			华中	4368
8	产品7	850	676	498	217	501	760			西北	4069
9	产品8	436	641	315	679	609	275				
10	合计	4870	4069	3271	5473	4587	4368				

图4-17　HLOOKUP函数的应用

这个问题，如果使用 VLOOKUP 函数，就有些复杂了。输入的公式如下：

```
=VLOOKUP("合计",$A$2:$G$10,MATCH(J3,$A$1:$G$1,0),0)
```

或者

```
=VLOOKUP("合计",$A$2:$G$10,ROW(A2),0)
```

4.2 定位：MATCH函数

在介绍 VLOOKUP 函数时，已经初步介绍了 MATCH 函数。

说起 MATCH 函数，不少人会感到陌生，也没用过。因为日常数据处理经常使用 VLOOKUP 函数来查找数据。但是，当你了解了 MATCH 函数，并能跟它交个好朋友，你就会发现越来越离不开它了。

4.2.1 MATCH 函数的基本原理和用法

扫码看视频

MATCH 函数的功能是从一个数组中，把指定元素的存放位置找出来。

就像一个实际生活中的例子：大家先排成一队，报数，问张三排在了第几个？MATCH 函数就是这么个意思。

由于必须是一组数，因此在定位时，只能选择工作表的一列区域或者一行区域，当然了，也可以是自己创建的一维数组。

MATCH 函数得到的结果不是数据本身，而是该数据的位置。其用法如下：

```
=MATCH(查找值,查找区域,匹配模式)
```

各个参数如图 4-18 所示，说明如下。

（1）查找值：要查找位置的数据，可以是精确的一个值，也可以是一个要匹配的关键词。

（2）查找区域：要查找数据的一组数，可以是工作表的一列区域，或者工作表的一行区域，或者一个数组。

（3）匹配模式：是一个数字 1、 -1 或者 0。

◎ 如果是 1，查找区域的数据必须做升序排序。

◎ 如果是 -1，查找区域的数据必须做降序排序。

◎ 如果是 0，则可以是任意顺序。

一般情况下，数据的次序是乱的，也不允许排序，因此常常把第 3 个参数"匹配模式"设置成 0。

要特别注意：MATCH 函数不能查找重复数据，也不区分大小写。

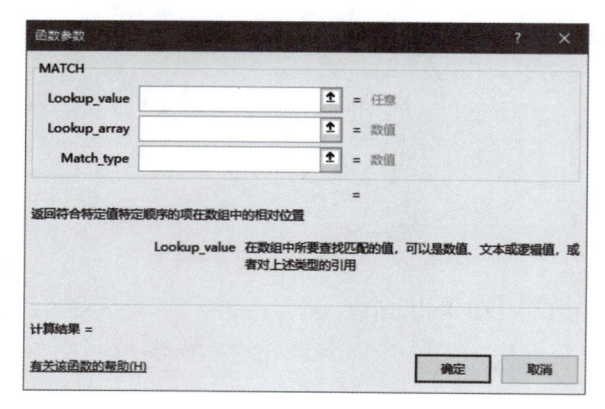

图4-18　MATCH"函数参数"对话框

MATCH 函数在工作表中的应用示例如图 4-19 所示。

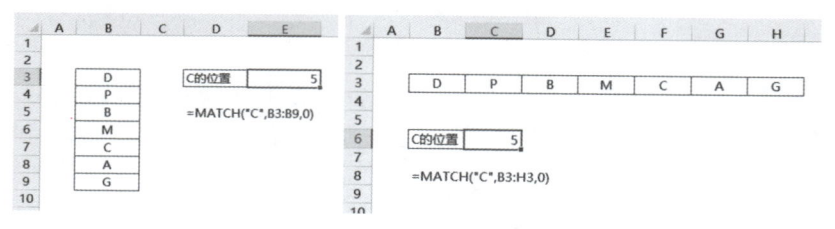

图4-19　MATCH函数在工作表中的应用示例

例如，下面的公式结果是 3，因为字母 A 在数组 {"B","D","A","M","P"} 的第 3 个位置。

=MATCH("A",{"B","D","A","M","P"},0)

4.2.2　MATCH 函数实际应用

除非特殊的问题，MATCH 函数很少单独使用，实际中更多的是配合其他函数一起使用，做各种数据查找或单元格引用。其基本原理就是：先用 MATCH 函数定位，再用其他函数查找数据或引用单元格区域。

（1）与 VLOOKUP 函数或 HLOOKUP 函数联合使用，自动定位取数的列位置，可以做出更加高效的查找公式，而不是用眼睛数出来在哪列取数。这种应用，在前文已经介绍了实际案例。

（2）与 OFFSET 函数联合使用，可以自动确定偏移量，从而获取一个动态的单元格区域，让数据分析更加方便。

（3）与 INDIRECT 函数联合使用，可以做出更加高效的工作表间数据查询汇总，也可以制作动态的明细表。这在后面将会介绍。

MATCH 函数应用更多的情况是与 INDEX 函数联合使用，进行各种条件下的灵活查找，这种应用将在 4.3 节进行详细介绍。

4.3 知道位置才能取数：INDEX函数

在一个数据区域中，给定了行号和列标，也就是准备把该数据区域中指定列和指定行的交叉单元格数据提取出来，就需要使用 INDEX 函数了。

4.3.1 INDEX 函数的基本原理和用法

INDEX 函数最常用的场合，是从一个区域内，把指定行、指定列的单元格数据提取出来，此时，函数的用法如下：

=INDEX（取数的区域，指定行号，指定列号）

例如：

- 公式"=INDEX(A:A,,6)"就是从 A 列里提取出第 6 行的数据，也就是单元格 A6 的数据。
- 公式"=INDEX(2:2,,6)"就是从第 2 行里提取出第 6 列的数据，也就是单元格 F2 的数据。
- 公式"=INDEX(C2:H9,5,3)"就是从单元格区域 C2:H9 的第 5 行、第 3 列交叉的单元格取数，也就是单元格 E6 的数据。

取数的区域也可以是一个数组，比如下面的公式就是从数组 {"B","D","A","M","P"} 中提取第 2 个数据，结果是字母 D。

=INDEX({"B","D","A","M","P"},2)

图 4-20 所示的是 INDEX 函数从单元格区域内，根据指定行指定列取数的原理说明。

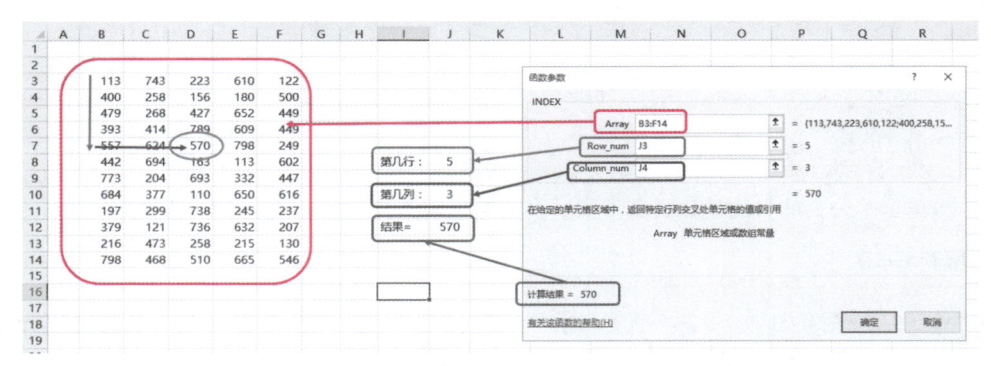

图4-20 INDEX函数从一个区域内取数原理

只有明确了从一个区域的什么位置取数，才能使用 INDEX 函数。因此，先用 MATCH

函数定位，再用 INDEX 函数取数，两个函数彼此配合默契，一起作战，正是使用最多的情况。

4.3.2 与 MATCH 函数联合使用，做单条件查找

凡是能用 VLOOKUP 函数解决的数据查找问题，同样可以使用 MATCH 和 INDEX 函数来解决，只不过有时候公式要复杂些，但是公式的逻辑要比 VLOOKUP 函数清楚得多。

例如，在介绍过的 VLOOKUP 函数应用案例中，都可以使用 MATCH 和 INDEX 函数来设计公式。下面列出这样的公式，大家不妨做个比较。

案例 4-1：
=INDEX(加班表!F:F,MATCH(B2,加班表!B:B,0))

案例 4-2：
公式 1：=INDEX(工资表!C:C,MATCH($C$2,工资表!$B:$B,0))
公式 2：=INDEX(工资表!$C$2:$I$17,
MATCH($C$2,工资表!$B$2:$B$17,0),
MATCH(B4,工资表!$C$1:$I$1,0)
)

案例 4-3：
=INDEX(C3:G3,MATCH($J$2,$C$2:$G$2,0))

案例 4-4：
=INDEX($H$4:$L$8,MATCH(B2,$G$4:$G$8,0),MATCH(C2,{0,1,6,11,21}))

案例 4-5：
=INDEX($C$4:$H$9,
MATCH(B13,$B$4:$B$9,0),
MATCH($C$11,$C$2:$H$2,0)+MATCH($C$12,$C$3:$E$3,0)-1)

案例 4-6：
=INDEX($C:$C,MATCH(G$3,$B:$B,0)+MATCH($F4,$B$3:$B$10,0)-1)

案例 4-7：
=INDEX(INDIRECT(B5&"!B:B"),MATCH($C$2,INDIRECT(B5&"!A:A"),0))

案例 4-8：
=INDEX($J$3:$J$9,MATCH("*"&D2&"*",$I$3:$I$9,0))

案例 4-9：
=INDEX($K$3:$K$15,MATCH(D2,$I$3:$I$15))

给出这些公式的目的是让大家学到更多的思路，提升大家的函数综合运用能力。

案例4-10

图 4-21 所示是各个支行前 3 季度的汇总表，现在要求制作一个动态分析图表，指定分行和项目，查看每个月的波动情况和趋势。

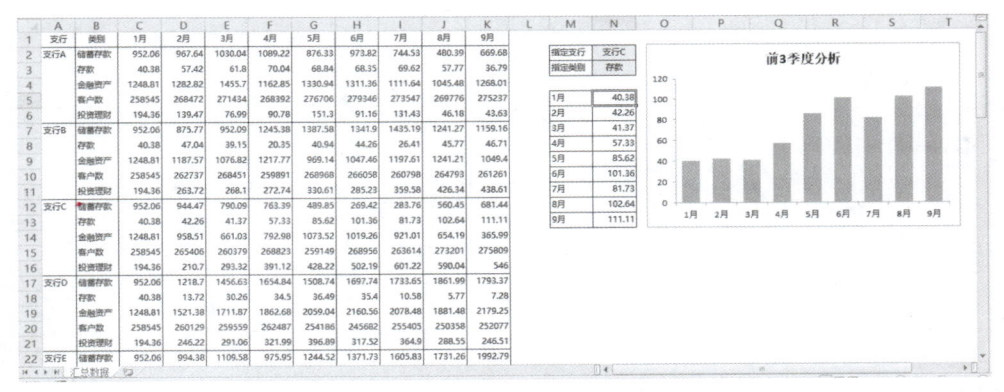

图4-21　各个支行汇总分析报告

仔细观察表格结构及逻辑，每个支行的项目都是 5 个，名称和顺序完全一样。这样，只要先确定指定支行在 A 列的位置，再找出指定项目的顺序，对这两个位置数字进行计算，就得到指定支行、指定项目的实际位置（行），再确定某个月份的位置（列），有了这两个位置（坐标），就可以使用 INDEX 函数提取出数据。

单元格 N5 的公式如下：

```
=INDEX($C$2:$K$81,
    MATCH($N$2,$A$2:$A$81,0)+MATCH($N$3,$B$2:$B$6,0)-1,
    MATCH(M5,$C$1:$K$1,0)
)
```

在这个公式中：

◎ $C$2:$K$81 是要取数的单元格区域。

◎ MATCH($N$2,$A$2:$A$81,0)+MATCH($N$3,$B$2:$B$6,0)−1 是计算指定支行、指定项目在数据区域 $C$2:$K$81 的行位置。

◎ MATCH(M5,$C$1:$K$1,0) 是确定月份在数据区域 $C$2:$K$81 的列位置。

4.3.3　与 MATCH 函数联合使用，做多条件查找

由于 INDEX 函数和 MATCH 函数的数据区域不见得是表格中实际的单元格区域，也可以是自己做出的数组，因此，还可联合使用这两个函数做多条件查找。不过这要做数组公式了，因为该查找实质是将几个条件通过连接（&）的方法做成了一个条件。这个条件是一个数组。这种在公式中连接组合条件的方法，就相当于在表格中做的辅助列。

图 4-22 所示是一份示例数据，要查找指定客户、指定产品的型号。输入的公式如下（数组公式）：

```
=INDEX(C2:C13,MATCH(G2&G3,A2:A13&B2:B13,0))
```

图 4-23 所示是另外一个模拟数据例子，指定 3 个条件的查询，查找公式为数组公式。输入的公式如下：

```
=INDEX(D2:D37,MATCH(H2&H3&H4,A2:A37&B2:B37&C2:C37,0))
```

图4-22 两个条件下的数据查询

图4-23 联合MATCH和INDEX函数进行多条件数据查找

4.4 间接引用：INDIRECT函数

INDIRECT 函数的频率有时比 VLOOKUP 函数还高，因为在预算分析、成本分析、费用分析、经营分析中，经常要进行滚动跟踪分析，这些分析就需要实现工作表的滚动汇总，追踪数据的变化，分析数据的偏差，所有这些工作，使用 INDIRECT 函数再联合其他几个常用的函数就够了。

4.4.1 INDIRECT 函数的基本原理和用法

INDIRECT 函数的功能是把一个字符串表示的单元格地址转换为引用，用法如下：

=INDIRECT（字符串表示的单元格地址，引用方式）

这里需要注意如下几点。

◎ INDIRECT 函数转换的对象是一个文本字符串。
◎ 这个文本字符串必须是能够表达为单元格或单元格区域的地址，比如 "C5"、"M12" 或 " 北京 !C5"，如果这个字符串不能够表达为单元格地址，那么就会出现错误，比如 " 北京 C5"（少了一个感叹号）。
◎ 这个字符串是我们自己连接（&）起来的。
◎ INDIRECT 转换的结果是返回对这个字符串所代表的单元格或单元格区域的引用，如果是一个单元格，会得到该单元格的值；如果是一个单元格区域，结果会让人感到莫名其妙，可能是一个值，也可能是错误值，不要感到奇怪。
◎ 函数的第 2 个参数如果忽略或者输入 TRUE，表示的是 A1 引用方式（就是常规的方式，列标是字母，行号是数字，比如 C5 就代表 C 列第 5 行）；如果输入 FALSE，表示的是 R1C1 引用方式（此时的列标是数字，行号是数字，比如 R5C3 表示第 5 行第 3 列，也就是常规的 C5 单元格）。
◎ 大部分情况下，第 2 个参数忽略即可，个别情况需要设置为 FALSE。这样可以简化公式，解决移动取数的问题。

注意事项说完了，下面解释一下 INDIRECT 函数的基本原理和用法。

图 4-24 所示是要做的一个查询表，要求得到指定工作表、指定单元格的引用（取数）。现在是指定了工作表 Sheet3 和单元格 E5，因此直接引用的公式如下：

```
=Sheet3!E5
```

图4-24　直接引用

但是，如果想法改变了，不想从 Sheet3 里取数了，也不想从单元格 E5 里取数，想变为从 Sheet5 的单元格 B2 取数，你会怎么做？你会重新单击，还是直接去修改公式里的工作表名称和单元格地址？

先看一下直接引用单元格的公式字符串（扔掉等号，剩下的称为公式字符串）结构：公式字符串是由 3 部分组成的（如果引用的是当前的工作表，公式中就没有了工作表名称和感叹号了，公式直接是 =E5，公式字符串就是 E5）：

工作表名称 + 感叹号（!）+ 单元格地址

这个字符串中，工作表名称不就是单元格 D3 里指定的工作表名称字符吗？单元格地址不就是单元格 D4 里指定的单元格名称字符吗？

那么，能不能用单元格 D3 和单元格 D4 里的字符分别代替引用公式里的工作表名称和单元格地址，这样，只要改变单元格 D3 的工作表名称和单元格 D4 的单元格地址，不就变成了从不同工作表、不同单元格里取数了吗？

想法有了，就要想办法实现。首先连接一个字符串，输入的公式如下：

```
=D3&"!"&D4
```

它得到的结果是一个字符串 "Sheet3!E5"，这个字符串恰好就是工作表 Sheet3 的单元格 E5 的地址，那么，能不能把这个字符串的双引号去掉，变成引用的效果呢？完全可以的，该 INDIRECT 函数便出场亮相了，输入的公式如下：

```
=INDIRECT(D3&"!"&D4)
```

这个公式中，并没有直接去找哪个工作表、哪个单元格，而是借助单元格 D3 里的工作表名称和单元格 D4 里的单元格名称，间接引用了指定的工作表、指定的单元格！这样，以不变应万变，只要改变单元格 D3 里的工作表名称和单元格 D4 里的单元格名称，就能立刻抓取该工作表、该单元格的数据，公式永远是这个公式，结果却千变万化。效果如图 4-25 所示。

图4-25　直接引用和间接引用比较：直接引用的结果不变，间接引用的结果变化了

INDIRECT 函数被称为间接引用函数，"间接"两字的含义，就是这么来的（英语单词翻译过来就是"间接"）。

INDIRECT 函数的功能非常强大，实际工作中的很多复杂问题，使用 INDIRECT 函数都可以解决。

需要强调一点：工作表名称的规范命名是非常重要的，如果工作表名称里有空格或者运算符号，在做间接引用字符串时，必须用单引号把工作表名称括起来。输入的公式如下：

```
=INDIRECT("'Jan Sales'!E5")
=INDIRECT("'A+C'!E5")
```

4.4.2　经典应用之一：快速汇总大量工作表

案例4-11

在案例 4-7 中，介绍了如何从大量工作表中查找指定的项目数据。现在要把这些店铺工作表汇总到一张大表上，如图 4-26 所示，应该怎么设计公式？

由于每个店铺工作表结构完全一样，汇总表也是这样的结构，因此可以使用 INDIRECT 函数做一个简单的引用公式即可。在单元格 B2 中输入如下公式，往右往下复制，就可以得到所有店铺的数据：

```
=INDIRECT(B$1&"!B"&ROW(A2))
```

汇总结果如图 4-27 所示。

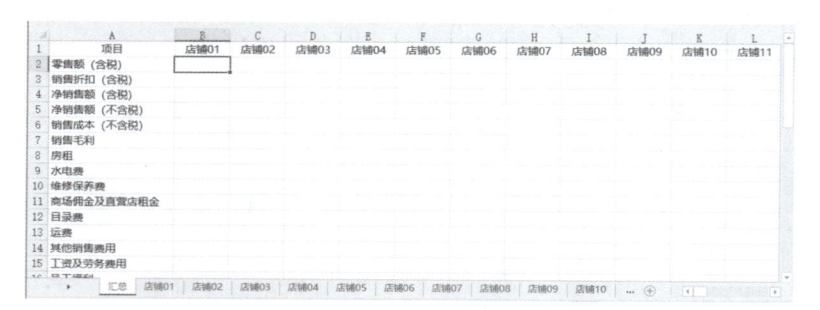

图4-26　汇总表结构

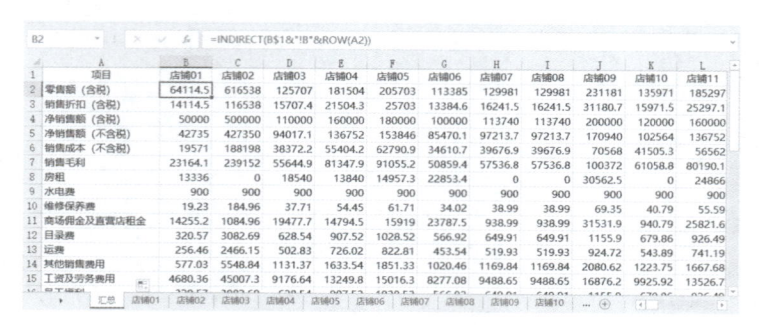

图4-27　汇总结果

可见，用一个极其简单的公式，几秒就解决了让人头疼的大量工作表汇总问题。

4.4.3　经典应用之二：建立滚动汇总分析报告

企业经营数据分析的数据来源有两种情况：一种是从系统导出一张总流水表，这在销售中是最常见的；另一种是每个月一张工作表，例如工资表、损益表、资产负债表、现金流量表、费用表等。这类工作表不一定是全年的 12 个月工作表，而是截止到当前日期的几个月的工作表。此时，为了跟踪分析经营数据，需要建立一个滚动汇总分析报表。

案例4-12

一个经典的应用案例，是月度人工成本的滚动汇总。基础表是每个月的工资表，目前只有 5 个月的数据，最后一列是人工成本，如图 4-28 所示。

图4-28　每个月的工资基础表

需要制作的汇总表结构如图 4-29 所示。

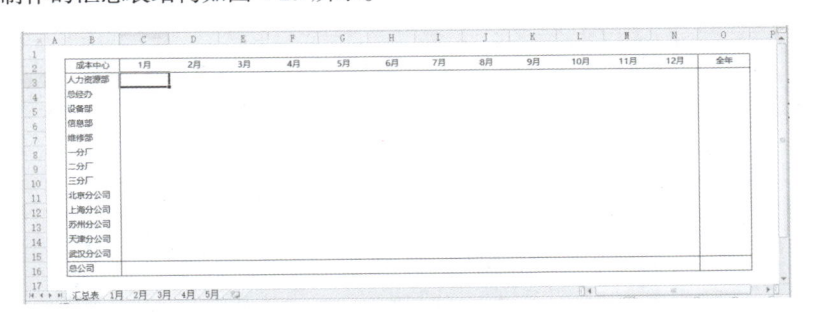

图4-29　各个部门、各月人工成本汇总表

对于每个月份而言，计算每个部门的人工成本总额，使用 SUMIF 函数就够了。例如，对于 1 月份，单元格 C3 的求和公式如下：

=SUMIF('1月'!C:C,$B3,'1月'!P:P)

但是这个公式没法往右复制，无法自动得到其他月份的数据。不过，第 2 行的标题正好是月份名称，也正好是每个月的工作表名称，这样就可以借助该标题文字，间接引用每个月的工作表数据。公式可以修改为：

=SUMIF(INDIRECT(C$2&"!C:C"),$B3,INDIRECT(C$2&"!P:P"))

公式往右复制，如果这个月份工作表存在，就会得到结果；如果某个月份工作表不存在，就会出现引用错误 #REF!，因此需要使用 IFERROR 函数进行处理。最终的公式如下：

=IFERROR(SUMIF(INDIRECT(C$2&"!C:C"),$B3,INDIRECT(C$2&"!P:P")),"")

完成的最终汇总报表如图 4-30 所示。

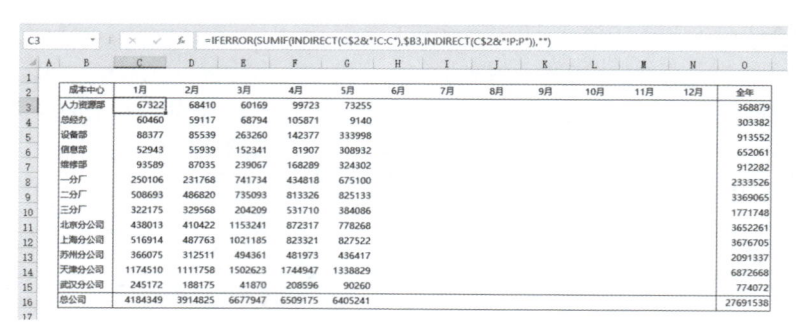

图4-30 人工成本滚动汇总报表

4.4.4 经典应用之三：制作动态的明细表

在工作中，经常需要从一个流水账中把指定条件的数据筛选出来，再复制粘贴到一个新工作表中，得到需要的明细表。这种筛选—复制—粘贴的方法是比较累人的，因为如果改变筛选项目，就需要再重新执行一遍上面的操作。联合使用INDIRECT、MATCH、INDEX、IFERROR函数，就可以制作动态的明细表模板。

下面结合两种常见的情况：单条件明细表和多条件明细表，来介绍这种滚动循环查找技术的具体应用。

1. 单条件明细表

案例4-13

图 4-31 所示是一张销售清单，现在要求制作一份销售对账单，把某个指定客户的所有销售明细查找出来，如图 4-32 所示。

图4-31 销售清单

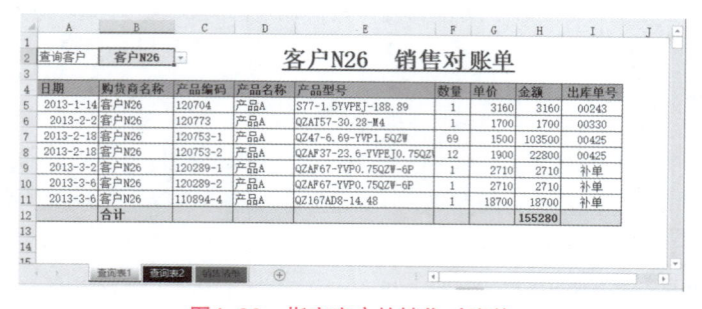

图4-32 指定客户的销售对账单

明细表的制作，本质上就是查找重复数据，但是单独使用 VLOOKUP 函数或者 MATCH 函数都无法实现，因为这两个函数都只能查找第 1 个出现的数据。

不过，我们可以做如下考虑。

第 1 次用 MATCH 函数定位出指定数据第 1 次出现的行，比如数据在第 20 行，那么第 2 次定位时，从 21 行（=20+1，往下移一行）开始往下定位，就可以定位出该数据第 2 次出现的行，比如数据在 35 行。第 3 次定位就从 36（=35+1，往下移一行）行开始往下定位，以此类推，直至把指定数据所有出现的位置都查找出来，再利用 INDEX 函数就可以把各个位置的数据取出来。

这种查找又称循环查找，其关键点是如何构建一个动态的、不断往下移动的查找区域，这个问题由 INDIRECT 函数来解决是最容易不过了。下面是该查询表的具体制作过程。

步骤 1 设计一个辅助列，这里是 K 列，保存每次查找到的指定客户的行号，如图 4-33 所示。

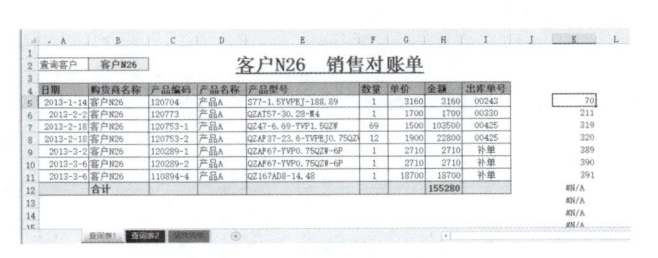

图4-33 指定客户的销售对账单

步骤 2 在单元格 K5 中输入查找指定客户第 1 次出现位置的公式：

=MATCH(B2,销售清单!B:B,0)

注意：这里从单元格 K5 开始做公式，是为了与查询表一致，这样便于创建简便的公式。

步骤 3 在单元格 K6 中输入第 2 次查找公式：

=MATCH($B$2,INDIRECT("销售清单!B"&K5+1&":B2000"),0)+K5

这个公式的含义是：先构建一个动态的查找区域 ""销售清单!B"&K5+1&":B2000""，这个区域的起始单元格就是上一次找到的位置往下移一行（即 K5+1），再利用 INDIRECT 函数将这个手动连接的字符串转换为新查找区域的引用。

需要注意的是，第 2 次找到的位置是当前单元格区域的相对位置，因此还需要在此结果上加上上一次的位置行号，转换成工作表的行号，这就是在 MATCH 函数结果上加 K5 的原因。

步骤 4 将单元格 K6 的公式往下复制到一定的行（视源数据区域的大小，多复制点），就得到每次查找的位置行号。如果从某个单元格开始出现错误值了，就表明下面没有要查找的客户了。

步骤 5 在查询表第 5 行的各单元格输入下面的公式，然后往下复制到一定的行，就得到了指定部门所有的明细数据。

单元格 A5：=IFERROR(INDEX(销售清单!A:A,$K5),"")

单元格 B5：=IF(AND(A5="",A4<>""),"合计",IFERROR(INDEX(销售清单!B:B,$K5),""))

这个公式是在明细表的最底部自动插入合计行。

单元格 C5：=IFERROR(INDEX(销售清单!C:C,$K5),"")
单元格 D5：=IFERROR(INDEX(销售清单!D:D,$K5),"")
单元格 E5：=IFERROR(INDEX(销售清单!E:E,$K5),"")
单元格 F5：=IFERROR(INDEX(销售清单!F:F,$K5),"")
单元格 G5：=IFERROR(INDEX(销售清单!G:G,$K5),"")
单元格 H5：=IF(B5="合计",SUM($H$4:H4),IFERROR(INDEX(销售清单!H:H,$K5),""))

这个公式是在明细表的底部，自动计算所有明细的合计金额。

单元格 I5：=IFERROR(INDEX(销售清单!I:I,$K5),"")

步骤 6 选择单元格区域 A5:I2000，设置两个条件格式：当 A 列里有数据时，自动加边框；当 B 列的数据是"合计"两个字时，自动加边框、填充颜色，如图 4-34 所示。

图4-34　设置条件格式，自动美化查询表格

步骤 7 把 K 列隐藏起来。

这样，就制作完成了动态的客户对账单的模板。只要在单元格 B2 选择输入任意客户名称，就自动得到该客户的明细数据。

2. 多条件明细表

上面讲的是单条件下的明细表制作方法，如果是多条件，比如要查询指定客户在某个时间段的所有销售明细，如图 4-35 所示，又该如何做呢？

图4-35　多条件下的明细表制作

主要步骤如下。

步骤 1 插入一个辅助列，这里是 L 列，从第 2 行设置条件格式（注意起始行要与原始数据起始行一致），其中单元格 L2 的公式如下：

=(销售清单!B2=查询表2!$B$2)
*(销售清单!A2>=查询表2!$B$3)
*(销售清单!A2<=查询表2!$B$4)

这个公式就是将 3 个条件组合起来，如果 3 个条件都成立，那么公式的结果是 1，否则是 0。这样，就可以在这个 L 列里进行查找了，也就是查找那些数字是 1 的所有数所在的行。

步骤 2 在辅助列 K 列的单元格 K7 输入下面的公式，查找第 1 个满足所有条件的数据所在行（就是查询数字 1 的位置）：

=MATCH(1,L:L,0)

步骤 3 在辅助列 K 列的单元格 K8 输入下面的公式，并往下复制，得到第 2 个、第 3 个、第 4 个……第 N 个满足所有条件的数据所在行：

=MATCH(1,INDIRECT("L"&K7+1&":L2000"),0)+K7

结果如图 4-36 所示。

图 4-36 两个辅助列

步骤 4 利用 INDEX 函数取数，其公式与前面单条件下的基本一样，此处不再赘述。

4.5 引用动态单元格区域：OFFSET 函数

"我要从单元格 A1 位基准点，引用下面第 8 行、右边第 3 列的单元格数据，用什么函数引用？"

"我要取一个单元格区域，其起点是单元格 B5，有 10 行高、1 列宽，这个区域如何引用？"

"我要做一个动态排名分析图表，可以在图表上任意调整查看的数据个数，想看 5 个数就只显示 5 个数，想看 10 个数就只显示 10 个数，这样的图表怎么画？"

诸如此类的问题，就离不开一个函数：OFFSET 函数。

4.5.1 OFFSET 函数的基本原理和用法

OFFSET 函数的功能是从一个基准单元格出发，向下（向上）偏移一定的行、向右（向左）偏移一定的列，到达一个新的单元格，然后引用这个单元格，或者引用一个以这个单元格为顶点、指定行数、指定列数的新单元格区域。

OFFSET 函数的用法如下：

=OFFSET(基准单元格,偏移行数,偏移列数,新区域行数,新区域列数)

这里，需要注意如下几点。

◎ 如果省略了最后两个参数（新区域行数、新区域列数），OFFSET 函数就只是引用一个单元格，得到的结果就是该单元格的数值。

◎ 如果设置了最后两个参数（新区域行数、新区域列数），OFFSET 函数引用的是一个新单元格区域。

- 偏移的行数如果是正数，是往下偏移；如果是负数，是往上偏移。
- 偏移的列数如果是正数，是往右偏移；如果是负数，是往左偏移。

例如，以 A1 单元格为基准，向下偏移 5 行，向右偏移 2 列，就到达单元格 C6。如果没有忽略最后两个参数，或者设置为 1，那么 OFFSET 函数的结果就是单元格 C6 的数值了，如图 4-37 所示。此时输入的 OFFSET 函数公式如下：

=OFFSET(A1,5,2)

或者

=OFFSET(A1,5,2,1,1)

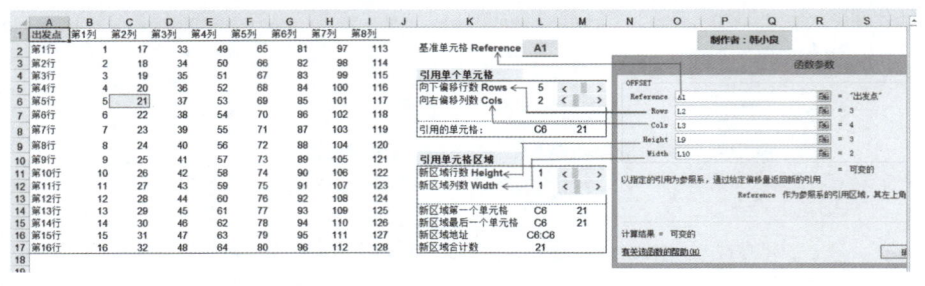

图4-37　OFFSET函数原理：通过偏移引用某个单元格

以 A1 单元格为基准，向下偏移 5 行，向右偏移 2 列，就到达单元格 C6。这里如果再给定第 4 个参数是 3，第 5 个参数是 5，那么 OFFSET 函数的结果就是新的单元格区域 C6:G8。它以偏移到达的单元格 C6 为左上角单元格，扩展了 3 行高、5 列宽，是一个新的单元格区域，如图 4-38 所示。此时输入的 OFFSET 函数公式如下：

=OFFSET(A1,5,2,3,5)

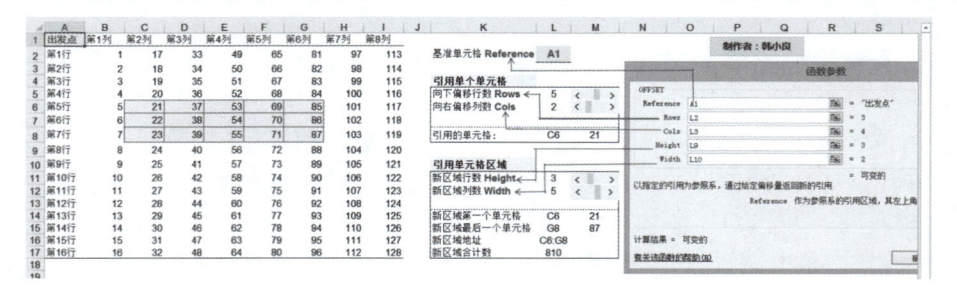

图4-38　OFFSET函数原理：通过偏移引用某个新的单元格区域

4.5.2　OFFSET 函数使用技巧

技巧1：

当 OFFSET 函数引用某个单元格时(就是最后两个参数留空，或者都设置成了1)，函数的结果就是该单元格的值。

当 OFFSET 函数引用某个单元格区域时，函数的结果可能是一个数值，也可能是一个错误值，不要对此感到奇怪。

为了验证OFFSET函数的结果是否正确，当做好公式后，把OFFSET函数部分复制一下(如上面的"OFFSET(A1,,,10,5)")，然后单击名称框，按Ctrl+V组合键，将此公式字符串复制到名称框里，按Enter键，就可以看到是否自动选择了某个单元格或单元格区域，如果是，说明OFFSET函数使用正确，否则就是做错了。

技巧2：

偏移的行数或偏移的列数，以及新单元格区域的行高和列宽，可以使用MATCH函数或者COUNTA函数来确定(比如计算任意指定月份的累计值)，在制作动态图时，也可以由控件来确定(比如绘制前N个数据)。

4.5.3 经典应用之一：动态查找数据

很多实际问题，看起来非常复杂，但是如果使用OFFSET函数，就变得非常简单了。

案例4-14

在图4-39中，左侧是原始数据，地区名称和产品名称保存在了同一列，非常不方便分析数据。现在要求将这个表格整理成右侧的二维结构表。

在单元格G2中输入如下公式：

`=OFFSET($B$1,MATCH($F3,$A$2:$A$17,0)+MATCH(G$2,$G$2:$I$2,0),,1,1)`

往右往下复制，就迅速得到需要的表格。

这个公式中，以单元格B1为出发点，往下偏移的行数是地区的位置和产品的位置计算出来的。这里要注意起始单元格的选取，OFFSET函数和MATCH函数要匹配。

OFFSET函数参数设置如图4-40所示。

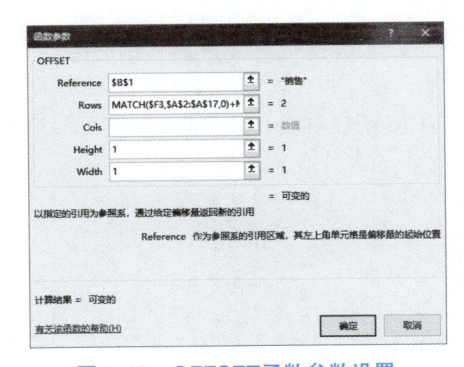

图4-39 转换表格结构　　　　　图4-40 OFFSET函数参数设置

4.5.4 经典应用之二：获取动态数据区域

OFFSET函数的更多应用是获取一个动态数据区域，然后利用这个动态区域进行数据分析。例如，制作动态数据源的数据透视表；计算指定月份的累计数；绘制显示指定数据个数的动态图表等。

如果想得到一个以A1单元格为第1个单元格，10行高、1列宽的区域，也就是单元格区域A1:A10，输入的公式如下：

```
=OFFSET(A1,,,10,1)
```

如果想得到一个以 A1 单元格为第 1 个单元格，1 行高、10 列宽的区域，也就是单元格区域 A1:J1，输入的公式如下：

```
=OFFSET(A1,,,1,10)
```

如果想得到一个以 A1 单元格为第 1 个单元格，10 行高、5 列宽的区域，也就是单元格区域 A1:E10，输入的公式如下：

```
=OFFSET(A1,,,10,5)
```

案例4-15

图 4-41 所示是各种产品的两年销售数据，现在要分析两年同期销售增长情况。要求制作以下分析报告：

（1）当期累计销售的同比增长及各种产品的影响。

（2）按季度和半年度进行同比分析。

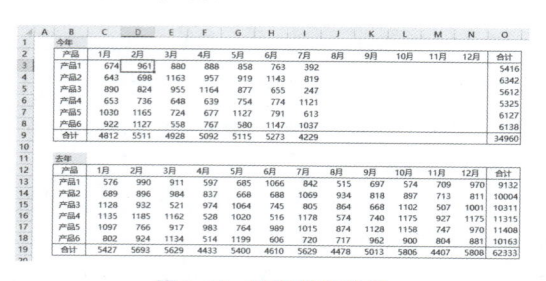

图4-41 两年销售数据

由于是做同期累计分析，今年的同期累计数就是最后一列的合计数，但去年的同期累计数就需要判断计算几个月的合计数了。

使用 COUNT 函数来统计当前的月份数：COUNT($C$3:$N$3)，结果是 7，表示当期月份是 7 月，那么就可以使用 OFFSET 函数获取一个含有 7 个月单元格的数据区域，然后使用 SUM 函数对这个区域求和，就可得到去年的当期累计数。

设计各种产品当期累计数分析报表，如图 4-42 所示。产品 1 的计算公式如下，其他产品的计算公式可以往下复制得到。

单元格 C5：=SUM(OFFSET(汇总表!C13,,,1,COUNT(汇总表!$C$3:$N$3)))

单元格 D5：= 汇总表!O3

单元格 E5：=D5-C5

单元格 F5：=E5/C5

要分析每个季度及半年的同比分析，设计如图 4-43 所示的分析报表。

图4-42 两年同期累计销售对比分析　　图4-43 指定期间的同比分析报表

使用 IF 函数进行判断，以便确定往右偏移的列数和计算的单元格个数。例如，要分析 2 季度，就从 C 列单元格开始往右偏移 3 列，取 3 个单元格求和；要分析上半年，就以 C 列单元格为起点，不再往右偏移，而取 6 个单元格求和。

单元格 I5 的公式如下：

```
=SUM(
    OFFSET(汇总表!C13,,IF($I$2="一季度",0,IF($I$2="二季度",3,IF($I$2="上半年",0,IF($I$2="三季度",6,IF($I$2="四季度",9,IF($I$2="下半年",6,0)))))),1,IF(OR($I$2="一季度",$I$2="二季度",$I$2="三季度",$I$2="四季度"),3,IF(OR($I$2="上半年",$I$2="下半年"),6,12)))
)
```

单元格 J5 的公式如下：

```
=SUM(
    OFFSET(汇总表!C3,,IF($I$2="一季度",0,IF($I$2="二季度",3,IF($I$2="上半年",0,IF($I$2="三季度",6,IF($I$2="四季度",9,IF($I$2="下半年",6,0)))))),1,IF(OR($I$2="一季度",$I$2="二季度",$I$2="三季度",$I$2="四季度"),3,IF(OR($I$2="上半年",$I$2="下半年"),6,12)))
)
```

为了更加清楚地标识出同比增减情况，可以使用自定义格式对同比增减额和增长率进行自动标识，如图 4-44 所示。

图4-44 对同比增减额和增长率进行自动标识

针对两年同比增减额的影响绘制瀑布图，可以更加清晰地看出两年同比增减的因素：哪种产品影响大些，哪种产品是正影响，哪种产品是负影响，如图 4-45 所示。

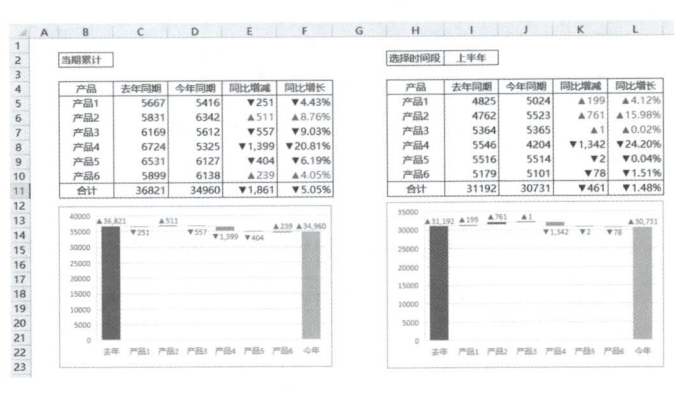

图4-45 两年同比分析报告

总结：这个例子是 OFFSET 函数在经营分析中的经典应用。在企业经营分析中，分析累计数是最重要的。此时就需要自动从数据表中获取动态区域进行求和。

为了巩固对 OFFSET 函数与其他函数的联合使用，下面再介绍一个案例。

案例4-16

图 4-46 所示是各个部门各个月的预算执行汇总表，现在要求对各个部门的预算执行情况进行分析，指定某个月份，得到截止到该月的累计数预算执行进度情况。

部门	1月			2月			3月			4月		
	预算	实际	差异	预算	实际	差异	预算	实际	差异	预算	实际	差异
部门1	825	970	145	674	916	242	333	483	150	471	662	191
部门2	641	343	-298	649	556	-93	1077	1027	-50	627	790	163
部门3	1085	785	-300	943	508	-435	894	421	-473	776	744	-32
部门4	650	696	46	334	469	135	865	957	92	706	708	2
部门5	1080	883	-197	448	773	325	513	455	-58	983	686	-297
部门6	617	442	-175	309	432	123	469	847	378	399	527	128
部门7	724	316	-408	948	976	28	942	784	-158	445	809	364
部门8	699	975	276	1050	322	-728	878	949	71	377	640	263

部门	5月			6月			7月			8月			9月		
	预算	实际	差异	预算	实际	差异	预算	实际	差异	预算	实际	差异	预算	实际	差
部门1	1045	991	-54	465	756	291	958	1057	99	1099	907	-192	484	409	-
部门2	1088	616	-472	630	556	-74	873	761	-112	483	774	291	376	950	5
部门3	795	398	-397	871	1038	167	639	911	272	888	348	-540	783	690	-
部门4	618	666	48	1052	514	-538	752	1041	289	918	532	-386	428	485	
部门5	1035	629	-406	937	915	-22	912	830	-82	499	982	483	321	420	
部门6	658	518	-140	544	795	251	503	923	420	1015	871	-144	338	347	
部门7	493	708	215	866	925	59	867	545	-322	500	315	-185	718	331	-3
部门8	891	574	-317	1082	904	-178	316	899	583	677	1039	362	776	606	-1

图4-46　各个部门各个月的预算执行汇总表

首先设计如图 4-47 的预算分析报告结构。

指定月份	5月							
部门	部门1	部门2	部门3	部门4	部门5	部门6	部门7	部门8
累计预算	3348	4082	4493	3173	4059	2452	3552	3895
累计实际	4022	3332	2856	3496	3426	2766	3593	3460
当期差异	674	-750	-1637	323	-633	314	41	-435
当期进度	120.1%	81.6%	63.6%	110.2%	84.4%	112.8%	101.2%	88.8%
全年预算	8276	7689	10623	8456	9190	7132	8115	8682
全年还需完成	4254	4357	7767	4960	5764	4366	4522	5222
全年进度	48.6%	43.3%	26.9%	41.3%	37.3%	38.8%	44.3%	39.9%

图4-47　预算分析报告结构

各个单元格的计算公式如下。

单元格 B16：=SUMIF(OFFSET($B$2,,,1,MATCH($B$13,$B$1:$AK$1,0)+2),"预算",OFFSET($B$2,MATCH(B$15,$A$3:$A$10,0),,1,MATCH($B$13,$B$1:$AK$1,0)+2))

单元格 B17：=SUMIF(OFFSET($B$2,,,1,MATCH($B$13,$B$1:$AK$1,0)+2),"实际",OFFSET($B$2,MATCH(B$15,$A$3:$A$10,0),,1,MATCH($B$13,$B$1:$AK$1,0)+2))

单元格 B18：=B17-B16

单元格 B19：=B17/B16

单元格 B20：=VLOOKUP(B15,$A$3:$AN$10,38,0)

单元格 B21：=B20-B17

单元格 B22：=B17/B20

在这些公式中，最绕人的是当期累计预算数和当期累计实际数的计算公式。其实，这两个公式都是使用了 SUMIF 函数进行条件求和的，但是，由于指定了某个月份，条件区域和求和区域的宽度是变化的，因此使用了 OFFSET 函数来获取这两个区域。

◎ OFFSET($B$2,,,1,MATCH($B$13,$B$1:$AK$1,0)+2) 就是获取指定月份的条件区域。

◎ OFFSET($B$2,MATCH(B$15,$A$3:$A$10,0),,1,MATCH($B$13,$B$1:$AK$1,0)+2) 就是获取要求和的区域。

这两个区域都是由单元格 B13 所指定的月份来控制的。

单元格 B16 中 SUMIF 函数的参数设置如图 4-48 所示。

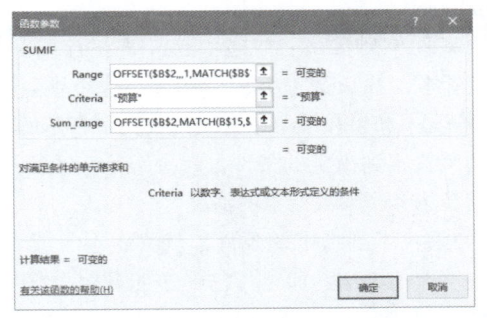

图4-48　SUMIF函数的条件区域和求和区域，都是由OFFSET来自动获取的

如果你感兴趣，还可以绘制各个部门预算完成情况的对比分析图。图4-49所示就是各个部门的当期预算完成率对比和全年进度对比分析。

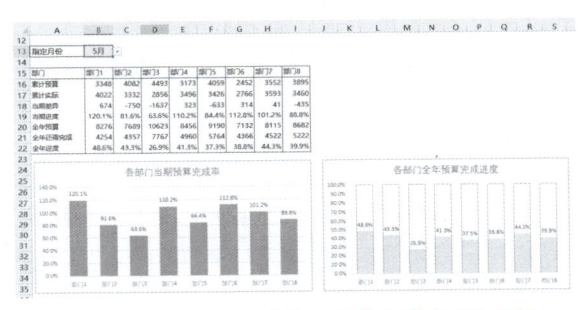

图4-49　指定月份下各部门预算完成率对比分析

4.6 特别补充说明的LOOKUP函数

很多人很少关注LOOKUP函数，甚至都不知道有这么个函数。因为大部分人一说学习Excel查找函数，马上就想到VLOOKUP函数了。

但是，LOOKUP函数尽管不常用，却自有它的用途。在某些场合，VLOOKUP函数无法解决的问题，利用LOOKUP函数就能快速而又巧妙地解决。

4.6.1 基本原理与用法

LOOKUP函数有两种形式：向量形式和数组形式。我们常用的是向量形式，而数组形式是为了与其他电子表格程序兼容，这种形式的功能有限，因此基本不用。

LOOKUP的向量形式，是在第1个单行区域或单列区域（称为"向量"）中搜索指定的条件值，然后从第2个单行区域或单列区域中相同的位置提取出对应的数据。其用法如下：

=LOOKUP（条件值，条件值所在单行区域或单列区域，结果所在单行区域或单列区域）

其中参数说明如下。

- 条件值：是必需参数，指定要搜索的条件，可以包含通配符，与VLOOKUP函数的第1个参数是一样的。
- 条件值所在单行区域或单列区域：是一行或一列的区域，该区域是要搜索的条件值区域。要特别注意的是，这个区域的数据必须按升序排序。这个参数也可以是输入的数组。
◎ 结果所在单行区域或单列区域：可选参数，是一行或一列的区域，是要提取结果的区域。如果省略，就从第 1 个区域抓数。这个参数也可以是输入的数组。

这个函数查找的原理就是：如果在第 1 个区域内找到了指定的条件，就直接去第 2 个区域里对应的位置抓数；如果找不到指定的条件，就去跟小于或等于条件值的最大值进行匹配，类似于 VLOOKUP 函数第 4 个参数留空的情况。

特别注意的是，"如果找不到指定的条件，就去跟小于或等于条件值的最大值进行匹配"这句话，并不是数学上的大小，而是指已经按照升序排序后的这个数组中的数据位置。例如，下面的公式结果是 -1000，因为在这个数组中找不到 0，而小于或等于 0 的第 1 个数是 -1000，它离 0 最近。

=LOOKUP(0,{-1,-10,-100,-1000,1,10,100})

下面的公式结果是 5，同样因为在这个数组中找不到 10，而小于或等于 0 的第 1 个数是 5，它离 10 最近。

=LOOKUP(10,{1,2,3,5,100,1000})

案例4-17

图 4-50 和图 4-51 所示是 LOOKUP 函数的两个典型应用示例。
图 4-50 中，A 列的材料编码已经升序排序，根据编码提取价格的公式为：

=LOOKUP(G2,$A$3:$A$7,$C$3:$C$7)

图4-50 LOOKUP函数的基本应用

图 4-51 中，要根据件重来确定单价，而单价取决于件重是哪个区间的值，这是一种模糊查找。在"件重"的左侧插入辅助列，输入下限值，升序排序，则 D 列的单价公式为：

=LOOKUP(C13,$F$13:$F$17,$H$13:$H$17)

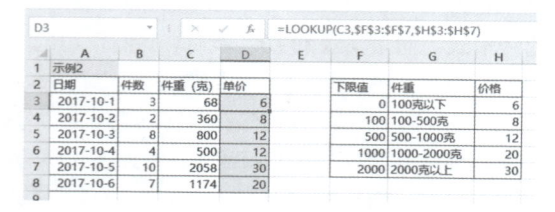

图4-51 LOOKUP函数的基本应用

4.6.2 经典应用之一：获取最后一个不为空的单元格数据

在有些表格中，我们会根据需要，把最后一个不为空的单元格数据提取出来，如资金管理表的余额数、材料采购表的最新采购日期和价格等。此时，使用 LOOKUP 函数就非常方便了。

案例4-18

图 4-52 所示就是一个示例，某材料的采购流水是按照日期记录的，日期已经排序。现在要求获取最新的采购日期和采购价格。

这个问题看起来很复杂，因为数据行会不断地增加，要取的最新数据也在不断地往下移动，怎么办？

所谓最新的数据，就是指最后一行数据。这样我们可以对 A 列进行判断，哪些单元格不为空，然后构建一个数组向量，再利用 LOOKUP 函数即可完成数据查找，如图 4-53 所示，公式如下：

单元格 E2：=LOOKUP(1,0/(A2:A100<>""),A2:A100)
单元格 E3：=LOOKUP(1,0/(B2:B100<>""),B2:B100)

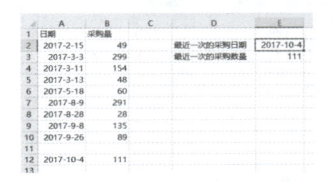

图4-52 获取某列最后一个不为空的数据 　　图4-53 单元格区域内的空单元格不影响取数

以第 1 个公式为例，查找公式的逻辑原理解释如下。

首先选取一个区域 A2:A100，判断哪些单元格不为空 A2:A100<>""。这个条件表达式的结果要么是 TRUE（就是 1），要么是 FALSE（就是 0），然后以此做分母，与数字 0 做除法，就得到一个由 0 和 #DIV/0! 构成的数组向量（单元格不为空的是 0，为空的是 #DIV/0!，当某个单元格后面都没有数据时，即都是 #DIV/0!），再从这个数组中查找 1，此时肯定是找不到的，既然找不到，那就去匹配最后一个 0 吧，因为 0 就是小于或等于 1 的最大值，这样就把最后一个不为空的单元格数据提取出来了。

这种查找对数据区域内是否有空单元格没有限制，它总是寻找最后一个非空的单元格，如图 4-53 所示。

4.6.3 经典应用之二：替代嵌套 IF 函数

在绩效考核计算、奖金提成计算、工龄工资计算、年休假计算等中，常常需要使用嵌套 IF 函数，比较麻烦。其实，这样的问题也可以使用 LOOKUP 函数解决。

案例4-19

以"案例 2-2"的年休假天数计算数据为例，利用 LOOKUP 函数的公式如下：

=LOOKUP(D2,{0,1,11,21},{0,5,10,15})

效果如图 4-54 所示。

图4-54 利用LOOKUP函数计算年休假天数

4.7 制作动态图表时很有用的CHOOSE函数

在制作汇总分析报表时，CHOOSE函数很少用，但是在联合使用组合框、列表框，尤其是选项按钮来制作动态图表时，这个函数就非常有用了，使用这个公式可以设计非常简洁的数据查找公式，比INDEX函数或者嵌套IF函数更加方便。

CHOOSE函数的功能，是根据一个指定的索引序号，从一个参数列表中，取出对应序号的值。该函数的用法如下：

```
=CHOOSE(索引序号,参数1,参数2,参数3,……)
```

这里的索引序号是1、2、3、4……，参数就是对应的值。当序号是1时，就取参数1的值；当序号是2时，就取参数2的值；当序号是3时，就取参数3的值，以此类推。

在某些情况下，使用CHOOSE函数比嵌套IF要简单得多。例如，对员工进行考核排名，按以下标准发放奖励。

◎ 第1名奖励2000元。
◎ 第2名奖励1200元。
◎ 第3名奖励800元。
◎ 第4名奖励500元。
◎ 第5名奖励200元。

假设排名次序号保存在B2单元格，那么如何设计公式进行计算？

如果使用嵌套IF，公式是这样的：

```
=IF(B2=1,2000,IF(B2=2,1200,IF(B2=3,800,IF(B2=4,500,200))))
```

而如果使用CHOOSE函数，公式是这样的：

```
=CHOOSE(B2,2000,1200,800,500,200)
```

CHOOSE函数里的参数1、参数2、参数3……除了可以是具体的常量外，还可以是单元格或单元格区域的引用。

在后面的有关动态图表章节中，我们会经常使用CHOOSE函数来做数据查找提取。

4.8 常与其他函数一起使用的ROW和COLUMN函数

查找函数并不多，只有十几个，4.1—4.7节介绍了数据处理和数据分析中常用的几个查找函数。还有几个不常用但有时又不可或缺的函数，例如ROW和COLUMN函数。

4.8.1 ROW函数

ROW函数是获取某个单元格的行号，其用法如下：

```
=ROW(单元格)
```

例如，=ROW(A5)和=ROW(E5)的结果都是5，因为单元格A5和单元格E5都是第5行。

如果省略具体的单元格，那么该函数的结果就是公式所在行的行号。比如，在单元格B10输入了公式"=ROW()"，其结果是10。

4.8.2 COLUMN函数

COLUMN函数是获取某个单元格的列号，其用法如下：

```
=COLUMN(单元格)
```

例如，=COLUMN(A5) 和 =COLUMN(A100) 的结果都是 1，因为单元格 A5 和单元格 A100 都是 A 列（第 1 列）。

如果省略具体的单元格，那么该函数的结果就是公式所在列的列号，比如在单元格 B10 输入了公式"=COLUMN()"，其结果是 2。

4.8.3 应注意的问题

特别要注意的是，ROW 函数和 COLUMN 函数得到的结果并不是一个真正单独的数值，而是一个数组。例如，公式 =ROW(A1:A5) 的结果就是数组 {1;2;3;4;5}，它由 1~5 这 5 个数字组成；公式 =ROW(A1) 结果是 {1}，它也是一个数组，只不过只有一个数字 1。

在有些情况下（例如 INDIRECT 函数里），公式里不能直接使用 ROW(A1) 这样的表达方式，否则就会出现错误，此时可以使用 INDEX 来处理：INDEX(ROW(A1),1)，这样的结果才是一个真正的数字，而不是数组。

ROW 函数和 COLUMN 函数常用的场合如下。
（1）与 HLOOKUP 函数和 VLOOKUP 函数联合使用，进行数据查找。
（2）与 LARGE 函数和 SMALL 函数联合使用，进行数据排序。
（3）与 INDIRECT 函数联合使用，构建自然数数组，例如，在一些比较复杂的问题中，我们需要在公式中构建常量数组 {1;2;3;4;…;n}，以便进行高效数据处理，例如，ROW(INDIRECT("1:10")) 的结果就是得到一个常量数组 {1;2;3;4;5;6;7;8;9;10}。

4.9 思路不同，使用的查找函数不同，公式也不同

在实际数据处理和分析中，同一个问题，思路的不同，使用的查找函数也不同，创建的公式也不同，从而公式的效率也不同。

案例4-20

针对图 4-55 所示数据，下面列出了同一个问题的几种解决方法，请仔细比较这几个公式。

公式 1：=VLOOKUP(H2,A3:E9,MATCH(H3,A2:E2,0),0)
公式 2：=HLOOKUP(H3,B2:E9,MATCH(H2,A2:A9,0),0)
公式 3：=INDEX(B3:E9,MATCH(H2,A3:A9,0),MATCH(H3,B2:E2,0))
公式 4：=OFFSET(A2,MATCH(H2,A3:A9,0),MATCH(H3,B2:E2,0))
公式 5：=INDIRECT("R"&MATCH(H2,A:A,0)&"C"&MATCH(H3,2:2,0),FALSE)
公式 6：=SUMPRODUCT((A3:A9=H2)*(B2:E2=H3),B3:E9)

图 4-55　一个问题的多种解决方法

第 5 章
处理文本函数：字符截取与转换

"我要从身份证号码里自动提取生日和性别，从网上搜索了很多公式，都觉得很复杂。有没有好理解的简单公式？"

"系统导出的数据比较乱，需要进行分列处理，对数据进行清洗。由于没有好的思路，只能手动慢慢做。我倒也不着急，因为我每个月就这点活，但是领导着急要报告啊！"

"我想在图表上显示一个随单元格数据变化而变化的动态标题和标签，当引用单元格做公式时，发现得到的数据不是单元格显示出来的样子，为什么是这个样子啊？"

先对数据进行加工整理和垃圾清洗，制作能够进行数据分析的底稿，是一项极其重要的数据预处理工作。另外，在数据分析报告中，我们也常常需要将单元格的数字进行格式转换，使之显示正确的效果，或者直接使用原始数据进行汇总计算，省去中间的整理加工过程。

这些工作其实没有多复杂，也没有多累人，更没有多神奇，只需要使用几个文本函数，必要时再联合其他的函数，即可满足你的要求。

5.1 截取文本字符串中的字符

如何从身份证号码里自动提取生日？如何从地址中提取邮政编码？这些都是字符串截取问题。

截取文本字符串中的字符，常用到下面的几个函数。

◎ 从字符串的左侧截取字符：LEFT 函数。
◎ 从字符串的右侧截取字符：RIGHT 函数。
◎ 从字符串的中间指定位置截取字符：MID 函数。
◎ 从字符串中查找指定字符的位置：FIND 函数。

5.1.1 从字符串的左侧截取字符：LEFT 函数

如果要从一个字符串的左侧截取指定长度的字符，可以使用 LEFT 函数。该函数的用法如下：

```
=LEFT(字符串,要从左侧截取的字符个数)
```

例如，下面的公式就是从字符串 ""Excel 函数公式"" 左侧截取 5 个字符，结果是 "Excel"：

```
=LEFT("Excel 函数公式",5)
```

案例5-1

LEFT 函数多用于数据分列场合。图 5-1 所示就是从地址字符串中提取邮政编码，公式如下：

=LEFT(A2,6)

这里，要截取的字符是单元格 A2 里保存的文本字符串，要从左侧截取的字符个数是 6，因为邮政编码是固定的 6 位。

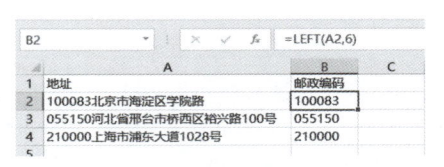

图5-1　利用LEFT函数提取邮政编码

5.1.2　从字符串的右侧截取字符：RIGHT 函数

如果要从一个字符串的右侧截取指定长度的字符，可以使用 RIGHT 函数。该函数的用法如下：

=RIGHT（字符串，要从右侧截取的字符个数）

例如，下面的公式就是从字符串""Excel 函数公式 ""的右侧提取的 4 个字符，结果是"函数公式"：

=RIGHT("Excel 函数公式 ",4)

RIGHT 函数也多用于数据分列场合。图 5-2 所示就是从地址字符串中提取地址，公式如下：

=RIGHT(A2,LEN(A2)-6)

这里，要截取的字符是单元格 A2 里保存的文本字符串，要从右侧截取的字符个数是计算出来的：地址字符数 = 原始字符数 -6，因为邮政编码是固定的 6 位。

计算字符个数则使用了 LEN 函数。

LEN 函数就是计算字符串的位数（就是字符个数），例如公式"=LEN("Excel 函数公式 ")"的结果是 9，因为字符串""Excel 函数公式 ""有 9 个字符（5 个字母和 4 个汉字）。

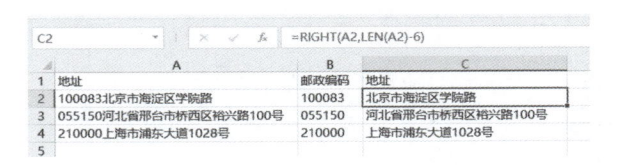

图5-2　利用RIGHT函数提取地址

5.1.3　从字符串的中间指定位置截取字符：MID 函数

如果要从一个字符串的中间指定位置截取指定长度的字符，可使用 MID 函数。该函数用法如下：

=MID（字符串，开始截取位置，要截取的字符个数）

例如，下面公式就是从字符串""Excel 函数公式""中间第 6 个字符开始，截取 2 个字符，结果是"函数"：

```
=MID("Excel 函数公式 ",6,2)
```

MID 函数也常常用于数据分列场合。例如，截取右侧地址的例子，就没必要使用 RIGHT 函数 (因为如果使用 RIGHT 函数，需要先计算出来从右边提取字符的个数)，可以使用如下更简单的公式：

```
=MID(A2,7,100)
```

案例5-2

现在回答前面的问题：如何从身份证号码里提取生日？参考图 5-3，下面就是最简单、最高效的公式：

```
=1*TEXT(MID(B2,7,8),"0000-00-00")
```

这个公式的逻辑如下。

（1）先用 MID 函数从第 7 位开始，取 8 个数字，其计算结果日期数字为"19780222"：

```
MID(B2,7,8)
```

（2）再用 TEXT 函数（下节将介绍该函数的详细用法）将这 8 位数字转换为日期表达格式"1978-02-22"：

```
TEXT(MID(B2,7,8),"0000-00-00")
```

（3）由于 TEXT 函数的结果是文本（要不怎么名称是 TEXT，而不是 VALUE 呢），而日期本身是正整数数字，因此将 TEXT 函数的结果乘以 1，转换为数值日期。

图5-3 从身份证号码里提取生日

同样地，如何从身份证号码里提取性别？下面就是最简单的公式：

```
=IF(ISEVEN(MID(B2,17,1)),"女","男")
```

（1）利用 MID 函数从第 17 位开始，取 1 个数字，就是把第 17 位数字取出来：

```
MID(B2,17,1)
```

（2）利用 ISEVEN 函数判断这个数字是不是偶数：

```
ISEVEN(MID(B2,17,1))
```

此处也可以使用 ISODD 函数判断是否为奇数。

（3）根据 ISEVEN 的结果，利用 IF 函数，分别输入性别"女"或"男"，如图 5-4 所示。

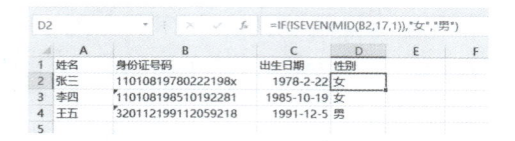

图5-4 从身份证号码里提取性别

5.1.4　从字符串中查找指定字符的位置：FIND 函数

有时需要截取的字符串位置不固定，但会有一个明显的字符来界定，此时只要找出这个字符的位置，就可以截取需要的字符。

查找指定字符在字符串中的位置，可以使用 FIND 函数。其用法如下：

=FIND(要查找字符,字符串,[从第几个开始查找,默认是第1个开始])

例如，下面公式的结果是 6，因为从第 6 个开始是字符"函数"了：

=FIND("函数","Excel 函数公式")

注意，FIND 函数是区分大小写的。例如，下面两个公式的结果是不一样的：

=FIND("E","Excel 函数公式")，结果是 1

=FIND("e","Excel 函数公式")，结果是 4

如果不区分大小写，必须使用 SEARCH 函数，其用法与 FIND 函数完全一样。

例如，下面两个公式的结果都是 1：

=SEARCH("E","Excel 函数公式")

=SEARCH("e","Excel 函数公式")

案例 5-3

图 5-5 所示是一个从系统导入的科目列表，现在需要从这个科目列表中提取部门名称。

仔细观察这个科目字符串的特征：部门名称在中间，其前面有部门编码（长短不一，并且用方括号括起来了），其后面是固定位数的字符"/[0] 非质量成本"（长度是 9）。

只要找到了方括号"]"的位置，那么后面就是部门名称，而部门名称的位数是可以计算出来的（总长度 – 方括号位置 –9）。这样，知道了部门名称起始位置，也知道了部门名称有几个字符，那么就可以使用 MID 函数提取出部门名称，如图 5-6 所示。公式如下：

=MID(A2,FIND("]",A2)+1,LEN(A2)-FIND("]",A2)-9)

在这个公式中，FIND("]",A2) 是寻找方括号"]"的位置，LEN(A2)-FIND("]",A2)-9 是计算部门名称字符的个数。

图 5-5　需要从科目列表中提取部门名称

图 5-6　提取的部门名称

5.1.5 综合应用：直接从原始数据制作分析报表

5.1.1—5.1.4 节中介绍的几个文本函数在实际数据分析中是很有用的，很多情况下可以使用这几个函数在公式中对数据进行处理，实现一个公式解决汇总计算问题。

案例5-4

如图 5-7 所示，左侧的 3 列是从系统导入的原始数据，现在要求制作右侧各种产品各个月的销售汇总表。

图5-7　原始数据与要求制作的报告架构

这里，产品名称的特点就是 B 列产品编码的左面两位字母；A 列的日期是非法的不规范日期，中间两位数是月份数字。

这样，可以分别使用 LEFT 函数和 MID 函数分别提取产品名称和月份名称，然后再使用 SUMPRODUCT 函数进行求和，汇总报告如图 5-8 所示。

单元格 G2 公式如下：

```
=SUMPRODUCT(
    (LEFT($B$2:$B$100,2)=$F2)*1,
    (MID($A$2:$A$100,3,2)=G$1)*1,
    $C$2:$C$100
)
```

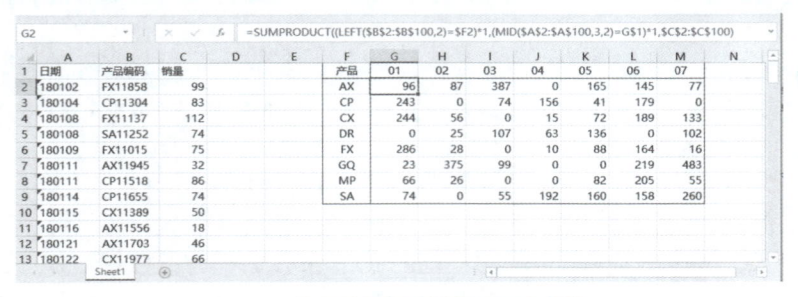

图5-8　从原始数据直接得到汇总报告

5.2 转换数字格式

很多人想当然地认为，单元格里的数字就是看到的数字，但是一做链接公式，得到的结果就不是那么回事了，如图 5-9 所示。输入的链接公式如下：

```
=" 预算完成率 "&C4
```

为什么会出现这样的情况？因为单元格显示出来的仅仅是显示出来的，并不是数字本身，是化了妆的（单元格格式）数字。

在很多数据分析报告中，需要引用单元格数字，并按照指定的格式进行转换，以使分析报告更加清楚，信息更加突出。此时，一个强大的函数就需要出山了：TEXT 函数。

图5-9　链接公式得到的不是百分比，而是小数

5.2.1　TEXT 函数的基本原理和用法

TEXT 函数的功能是把一个数字，转换为指定格式文字。这里请注意以下两点。

（1） TEXT 转换的对象是数字，文本是不起作用的。

（2） TEXT 的结果是文本，已经不是数字了，性质完全变了。

TEXT 函数的用法如下：

```
=TEXT ( 数字，格式代码 )
```

例如，公式 "=TEXT(0.934763,"0.00%")"，结果是文本 "93.48%"。

又如，公式 "=TEXT(TODAY(),"dddd")"，结果是 Saturday（假若 TODAY 是 2018 年 6 月 16 日）。

返回前面的问题，正确的公式应该是：

```
=" 预算完成率 "&TEXT(C4,"0.00%")
```

效果如图 5-10 所示。

有了这个正确的公式结果，可以绘制一个简单的预算完成分析图表，并在图表上显示这个完成率的说明文字，如图 5-11 所示。

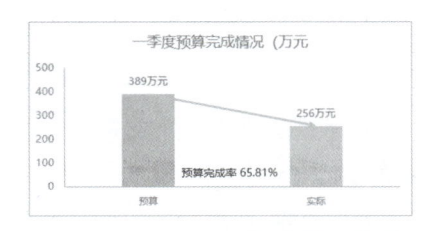

图5-10　正确的计算公式　　　　图5-11　比较清楚的预算完成分析图表

TEXT 函数在数据分析中，更多的情况是用来对日期、数字等进行转换，以便得到一个与分析报告表格标题相匹配的字符，这样可以提高数据分析效率。

用于将日期和数字进行转换的常用格式代码及其含义如表 5-1 所示。

表 5-1　常用的日期、数字转换格式代码及其含义

格式代码	含义	示例	结果（文本）
"000000"	将数字转换成 6 位的文本	=TEXT(123,"000000")	000123
"0.00%"	将数字转化成百分比表示的文本	=TEXT(0.1234,"0.00%")	12.34%
"0!.0,万元 "	将数字缩小到 1/10000，加单位"万元"	=TEXT(8590875.24,"0!.0,万元 ")	859.1 万元
"#,##0.00"	将数字转换为带千分位符的两位小数点文本	=TEXT(8590875.24,"#,##0.00")	8,590,875.24
"0 月 "	将数字转换成"0 月"文本	=TEXT(9,"0 月 ")	9 月
"yyyy-m-d"	将日期转换为"yyyy-m-d"格式	=TEXT("2018-8-23","yyyy-m-d")	2018-08-23
"yyyy-m"	将日期转换为"yyyy-m"格式	=TEXT("2018-8-23","yyyy-m")	2018-8
"m 月 "	将日期转换为"m 月"格式	=TEXT("2018-8-23","m 月 ")	8 月
"mmm"	将日期转换为英文月份简称	=TEXT("2018-8-23","mmm")	Aug
"aaaa"	将日期转换为中文星期全称	=TEXT("2018-8-23","aaaa")	星期四

5.2.2　经典应用之一：在图表上显示说明文字

本节开篇的问题就是这样的一个应用。其做法是：在单元格构建一个公式，生成相应说明文字，然后在图表上插入一个文本框，将这个文本框与该单元格建立公式链接，就会在文本框中显示该单元格的值。

很多情况下，我们希望能分行显示说明文字。如图 5-12 所示，要比前面的一行文字更加清楚。此时使用了一个 CHAR 函数，该函数的功能是获取一个 CODE 码所对应的 ASCII 码。例如， CHAR(10) 就是键盘上的 Enter（换行）键， CHAR(65) 就是大写字母 A。

此时，公式修改如下：

=" 预算完成率 "&CHAR(10)&TEXT(C4,"0.00%")

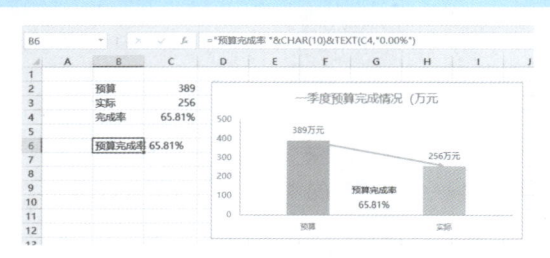

图5-12　分行显示说明文字使图表更加清楚

下面我们再介绍几个实际应用案例。

案例5-5

图 5-13 所示是各个分公司的销售额统计表，现在要求绘制图表把计算结果可视化，分析各个分公司的销售额大小和占比。

接到任务后，相信大部分人要么绘制饼图，要么绘制柱形图。前者显示数据标签后，图表显得非常之乱，像个蜘蛛精似的；即使饼图能显示占比情况，但几个分

图5-13　各个分公司的销售额统计表

公司数据相差不大时，饼图上肉眼很难看出它们的大小区别来。后者的柱形图却看不出每个分公司的占比结果，如图 5-14 所示。

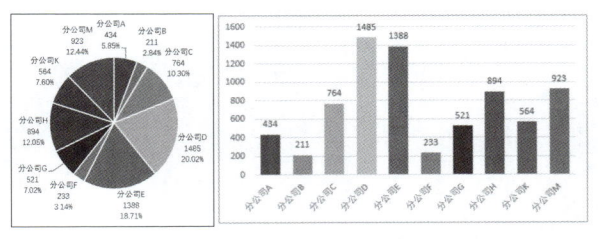

图5-14 饼图显示太乱，柱形图没有占比数据

当项目很多时，饼图就不是一种好的选择了，而应该先把数据排序，然后绘制柱形图，并在柱形顶部显示实际金额，在底部的坐标轴上分两行显示项目名称和占比数字，结果如图 5-15 所示。

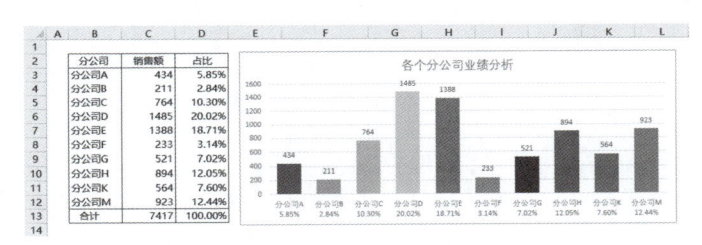

图5-15 各个分公司业绩对比分析

这个图表实际上是用一个辅助数据区域绘制的，如图 5-16 所示。其中单元格 F3 的公式如下：

=B3&CHAR(10)&TEXT(D3,"0.00%")

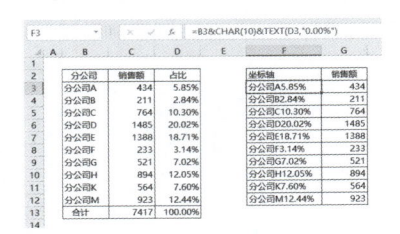

图5-16 绘制辅助数据区域

5.2.3 经典应用之二：直接从原始数据制作汇总报表

案例5-6

如图 5-17 所示，左侧是从系统导入的原始数据，现在要求制作右侧的汇总报表。注意，这里的月份标题是英文月份名称。

单元格 G2 公式如下：

=SUMPRODUCT(
    (LEFT($B$2:$B$100,2)=$F2)*1,

```
    (TEXT(TEXT(20&$A$2:$A$100,"0000-00-00"),"mmm")=G$1)*1,
    $C$2:$C$100
 )
```

	A	B	C
1	DATE	CODE	SALES
2	180102	FX11858	99
3	180104	CP11304	83
4	180108	FX11137	112
5	180108	SA11252	74
6	180109	FX11015	75
7	180111	AX11945	32
8	180111	CP11518	86
9	180114	CP11655	74
10	180115	CX11389	50
11	180116	AX11556	18
12	180121	AX11703	46
13	180122	CX11977	66
14	180122	CX11258	70
15	180124	GQ11143	23
16	180125	MP11026	66

F	G	H	I	J	K	L	M
	Jan	Feb	Mar	Apr	May	Jun	Jul
AX	96	87	387	0	165	145	77
CP	243	0	74	156	41	179	0
CX	244	56	0	15	72	189	133
DR	0	25	107	63	136	0	102
FX	286	28	0	10	88	164	16
GQ	23	375	99	0	0	219	483
MP	66	26	0	0	82	205	55
SA	74	0	55	192	160	158	260

图5-17　直接用函数汇总计算

在这个公式中，对于日期月份的处理稍微复杂了些：首先将 A 列日期前面添加一个数字 20，生成完整的 8 位日期数字，然后用 TEXT 函数将该 8 位日期数字转换为日期格式，最后用 TEXT 函数将日期转换为英文月份名称（英文月份简称的格式代码是“mmm”）。

第 6 章
排序函数：排名与排序分析

"如何在不改变原始数据次序的情况下，对各个客户的销售量、销售额、毛利等指标分别进行排名分析？""我都是单击工具栏上的排序按钮，结果就把原表搞乱了。"

"我想对各个业务员的销售业绩进行排位，分别标出第 1 名、第 2 名、第 3 名等。我都是逐一进对比的，然后在旁边单元格里输入 1、 2、 3。这实在是太累了，如果数据变了，又得重新对比。"

排名与排序，是数据分析中经常遇到的问题，而这样的排名与排序，就需要建立自动化模型，而不是手动来处理。

建立自动化排名与排序模型，离不开以下几个重要的排名函数。
◎ LARGE 函数：从大到小排序。
◎ SMALL 函数：从小到大排序。
◎ RANK 及系列函数：排位。

6.1 建立自动排名分析模型

所谓自动排名分析模型，就是在不改变原始数据表格的情况下，在另外一个区域对数据进行排名。

根据需要，可以降序排序（从大到小），也可以升序排序（从小到大）。前者可以发现销售额最好的前 N 个客户、前 N 个产品、前 N 个业务员等，后者自动找出业绩最差的后 N 个。

6.1.1 排序函数：LARGE 和 SMALL 函数

降序排序要使用 LARGE 函数。 LARGE 函数是把一组数按照降序（从大到小）进行排序，用法如下：

=LARGE (一组数字或单元格引用 , k 值)

升序排序要使用 SMALL 函数。 SMALL 函数是把一组数按照升序（从小到大）进行排序，用法如下：

=SMALL (一组数字或单元格引用 , k 值)

这里要注意以下几点。

（1）要排序的数据必须是数字，忽略单元格的文本数据和逻辑值，不允许有错误值单元格。

（2）要排序的数字必须是一维数组、一列区域或一行区域。

（3）k 值是一个自然数， 1 表示第 1 个最大（第 1 个最小）， 2 表示第 2 个最大（第 2 个最小），以此类推。

利用 LARGE 函数或 SMALL 函数对一组数进行排序，关键是 k 值怎么设置，此时可以使用 ROW 函数或者 COLUMN 函数自动输入 k 值。

下面以 LARGE 函数为例，介绍利用函数对数据进行自动排序的方法。SMALL 函数的应用与 LARGE 函数是完全一样的。

图 6-1 所示是对 B 列数据进行降序排序的结果，单元格 D2 公式如下：

=LARGE($B$2:$B$11,ROW(A1))

将其往下复制，就将 B 列的数据从大到小进行了降序排序。

图 6-2 所示是对第 2 行数据从大到小进行降序排序的结果，单元格 C4 公式如下：

=LARGE($C$2:$L$2,COLUMN(A1))

将该单元格公式向右复制，就将第 2 行的数据从大到小进行了降序排序。

图6-1 对列数据从大到小降序排序

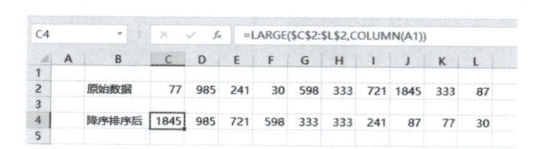

图6-2 对行数据从大到小降序排序

6.1.2 为排序后的数据匹配名称

建立排名分析模型，除了对数字进行排序外，更重要的是知道每个数字的所属对象是谁。因此在排名分析模型中，对数字进行排名后，要匹配每个数字的项目名称，可以联合使用 MATCH 函数和 INDEX 函数，也可以使用 VLOOKUP 函数的反向查找。下面结合一个例子来具体说明。

案例6-1

在图 6-3 中，A 列和 B 列是每个分公司的销售额汇总数据，右侧的 E 列和 F 列是排序后的结果。单元格 F2 公式如下：

=LARGE($B$2:$B$10,ROW(A1))

单元格 E2 是匹配每个排序后的销售额所对应的名称，输入的公式如下：

=INDEX($A$2:$A$10,MATCH(F2,$B$2:$B$10,0))

有了这个排序后的数据，就可以绘制分公司的销售额排名分析图，如图 6-4 所示。

图6-3 为销售额排序，并匹配分公司名称

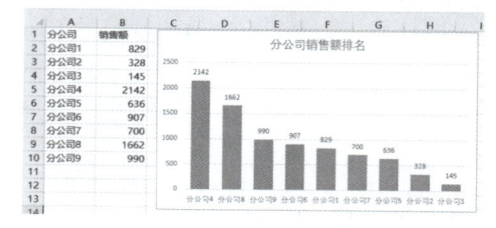

图6-4 分公司销售额排名分析图

6.1.3 出现相同数字情况下的名称匹配问题

但是,如果有两个或几个销售额完全相同的分公司,尽管排序不受影响,但在匹配分公司名称时,就会出现错误,因为 MATCH 函数无法确定相同数据的位置,如图 6-5 所示。

这样的问题怎么处理?

一个实用的小技巧就是:先对原始数据进行异化处理,让它们不一样,然后再进行排序和匹配名称。

Excel 提供了一个随机数 RAND 函数,可以生成 0~1 之间的随机数,这个随机数有 15 位小数。这样,只要在每个数字后面加上一个较小的随机数(例如把这个随机数除以 1000000),肯定就不一样了,如图 6-6 所示。

图6-5 相同数据排序后,无法准确匹配名称

图6-6 用随机数RAND函数处理相同的数据,让它们变得不同

下面是建立排名分析模板的具体步骤。

步骤 1 设置辅助列,将每个数据加上一个较小随机数,单元格 E2 的公式如下:

=B2+RAND()/1000000

步骤 2 用这个辅助列数据进行排序,单元格 H2 的公式如下:

=LARGE($E$2:$E$10,ROW(A1))

步骤 3 在 G 列匹配各个数据对应的分公司名称,单元格 G2 的公式如下:

=INDEX($A$2:$A$10,MATCH(H2,$E$2:$E$10,0))

注意,使用 MATCH 函数定位时,定位的是处理后的 E 列数据,因为排序的数据源就是处理后的 E 列数据。

这样就得到了正确的排序结果,如图 6-7 所示。

图6-7 G列和H列是正确的排序结果

步骤 4 根据 G 列和 H 列数据绘图,就可以得到正确的排名分析图,结果如图 6-8 所示。

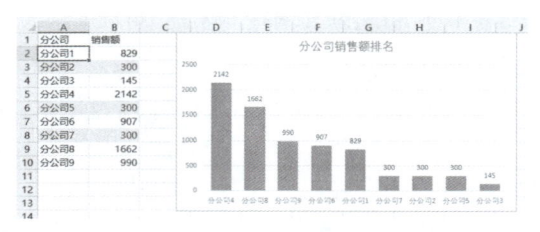

图6-8 存在相同数据时的正确排名结果

6.1.4 建立综合的排名分析模板

如果想要建立一个排名分析模板，则可以使用 IF 函数进行判断，该模板既可以按降序排序，也可以按升序排序。

案例6-2

在图 6-9 和图 6-10 所示的例子中，假设源数据中没有相同的数字（如有，请采用 6.1.3 节中介绍的随机数方法先行异化处理）。

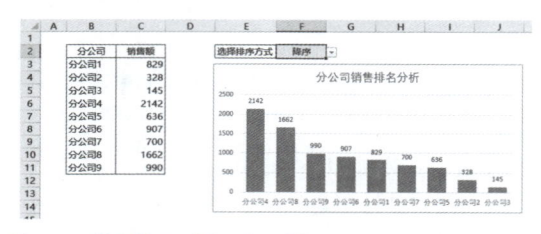

图6-9 单元格F2选择"降序"时，按照从大到小排序

单元格 F2 用来选择是降序排序还是升序排序。
单元格 F5 中是排序公式，如下所示：

=IF($F$2="降序",LARGE($C$3:$C$11,ROW(A1)),SMALL($C$3:$C$11,ROW(A1)))

单元格 E5 是匹配排序后数据所对应的名称，输入的公式如下：

=INDEX($B$3:$B$11,MATCH(F5,$C$3:$C$11,0))

结果如图 6-11 所示。

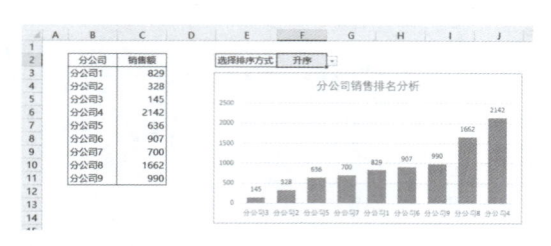

图6-10 单元格F2选择"升序"时，按照从小到大排序

图6-11 升序的结果

6.2 排位分析

如果要对数据的排名顺序进行排位标识，而不是对数据从大到小进行排序，效果如图 6-12 所示。

这样的排位标识分析，使用 RANK 系列函数可以完成，包括 RANK 函数、RANK.AVG 函数和 RANK.EQ 函数。

RANK 函数用于判断某个数值在一组数中的排名位置，用法如下：

=RANK（要排位的数字，一维数组或单元格引用，排位方式）

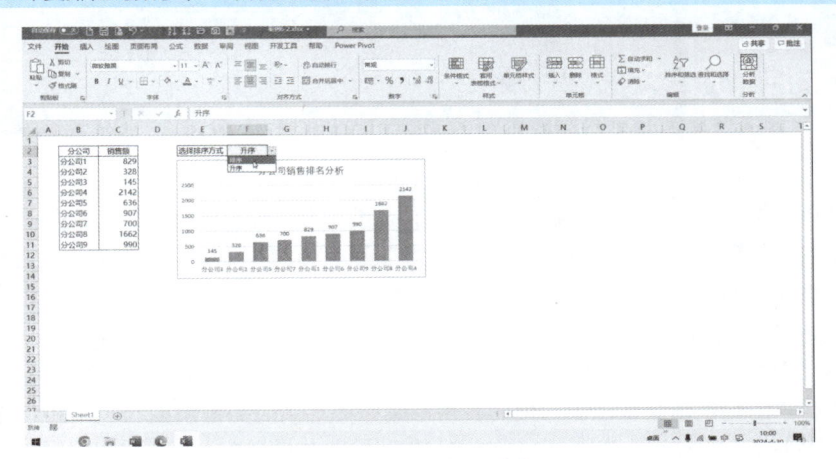

图 6-12　排位标识分析

这里要注意如下几点。

（1）要排位的数据必须是数字，忽略单元格的文本数据和逻辑值，不允许有错误值单元格。

（2）要排位的数字必须是一维数组、一列区域或一行区域。

（3）如果排位方式忽略或者输入 0，就会按降序排位；如果是 1，就按升序排位。

（4）对相同数字的排位是同一个，但紧邻后面的数字会跳跃。比如，有两个 600，排位都是 5，但其后面的数字假如是 620（这里按降序排位），其排位则是 7，排位缺了 6。

RANK.AVG 函数是对 RANK 函数的修订，就是当多个值具有相同的排位时，则会返回平均排位。RANK.AVG 函数的用法与 RANK 函数完全相同。

RANK.EQ 函数也是对 RANK 函数的修订，就是当多个值具有相同的排位时，则返回该组值的最高排位。RANK.EQ 函数的用法与 RANK 函数完全相同。

图 6-13 所示就是这 3 个函数的具体应用，请仔细比较 3 个函数计算结果的区别。

单元格 C2：=RANK(B2,$B$2:$B$10)
单元格 D2：=RANK.AVG(B2,$B$2:$B$10)
单元格 E2：=RANK.EQ(B2,$B$2:$B$10)

	A	B	C	D	E
1	业务员	销售额	RANK	RANK.AVG	RANK.EQ
2	A001	254	9	9	9
3	A002	1098	2	2	2
4	A004	1109	1	1	1
5	A005	800	6	6.5	6
6	A006	892	5	5	5
7	A007	1042	3	3	3
8	A008	800	6	6.5	6
9	A009	629	8	8	8
10	A010	1010	4	4	4

图 6-13　使用 RANK、RANK.AVG、RANK.EQ 函数进行排位

第 7 章
数据分析结果的灵活展示：动态图表基本原理及其制作方法

"老师，我希望做一个动态排名分析图表，能够任选要分析的产品，然后查看前 N 个客户。另外，我也希望能够快速找出两年同比增减量最大的前 *N* 个客户。我目前都是采用手动排序筛选的方法来操作，这个做法，比较烦琐、累人。"

"我要建立一个销售分析模板，分析企业毛利的影响因素。首先分析每种产品毛利的影响，然后分析每种产品本身的销量、单价和成本的影响，接着分析每种产品的客户结构、每个客户的同比增减情况等，最后找出影响企业毛利的关键因素。这样的分析每个月都要花费我 2~3 天的时间。"

数据分析并不是一个维度、一个角度的分析，更不是某个点的分析。数据分析要求从各个角度去发现问题、分析问题，进而提出解决方案。

由于分析的维度多，随时也会改变分析的角度，因此在数据分析结果的可视化方面，就需要制作动态图表了。

7.1 动态图表一点也不神秘

说起动态图表，很多人觉得很神奇，很神秘。其实，动态图表是很简单的，无非就是根据指令，显示出你要求的结果。

7.1.1 动态图表的基本原理

首先要明白，图表都是由数据绘制出来的。如果数据不变，图表也不会变。但是，如果绘制图表的数据发生了变化呢？图表是不是也跟着发生了变化？

动态图表之所以会"动"，是因为绘图数据在"动"；绘图数据为什么会"动"，是因为你在让它"动"。

通过一个或数个控制按钮来控制绘图数据的变化，进而图表也会发生变化，这就是动态图表。

图 7-1 所示是一个动态图表的例子。通过操作组合框，选择不同的产品，图表就会显示出该产品各季度的销售数据。

为什么会出现这样的控制效果？原因有以下几点。

（1）组合框在控制单元格 J3，在组合框中选择不同的产品，单元格 J3 就显示出该产品的顺序号（也就是第几个产品）。

（2）单元格 J3 在控制单元格区域 J7:M7 的数据，因为这个区域的数据是利用公式查找出来的。例如，单元格 J7 的查找公式为：

```
=INDEX(C3:C10,$J$3)
```

在这个公式中，查找区域就是原始数据区域，依据的条件就是单元格 J3 里的产品顺序号（这个顺序号就代表了组合框里选定的产品）。

（3）单元格区域 J7:M7 控制着图表，因为图表是根据单元格区域 J7:M7 的数据绘制的。

现在，你是不是已经明白动态图表的原理了？动态图表是由一连串联动的控制过程构成的：

控件→单元格 J3 →单元格区域 J7:M7 →图表

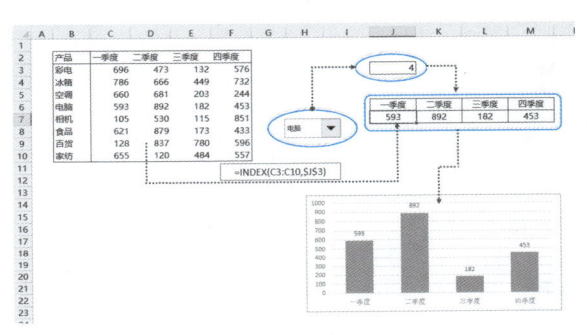

图7-1 动态图表原理

7.1.2 制作动态图表必备的两大核心技能

从 7.1.1 节中的动态图表原理可以看出，要想使图表随着你对控件的操作变化而变化，就需要使用正确的函数从原始数据中查找数据。

因此，制作动态图表的以下两大核心技能是必须熟练掌握的。

（1）表单控件（有时候不使用表单控件，而是在单元格设置数据验证来快速选择分析对象，数据验证的下拉菜单就相当于控件）。

（2）查找函数及其他函数。

7.1.3 在功能区显示"开发工具"选项卡

动态图表常用的控制工具是表单控件。表单控件在"开发工具"选项卡的"控件"功能组中，如图 7-2 所示。

单击"插入"按钮，可展开控件工具箱，如图 7-3 所示。这里有两种控件：表单控件和 ActiveX 控件。注意：在制作动态图表时，要使用表单控件。

图7-2 "开发工具"选项卡   图7-3 控件工具箱

默认情况下，Excel 的功能区中并没有出现"开发工具"选项卡，因此需要把它显示出来。

方法是：在功能区的任一位置右击并执行快捷菜单中的"自定义功能区"命令，如图7-4所示。

打开"Excel 选项"对话框，在右侧的"主选项卡"中勾选"开发工具"复选框即可，如图7-5所示。

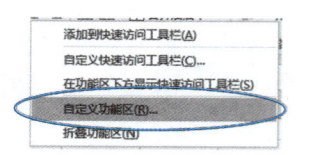

图7-4 "自定义功能区"命令

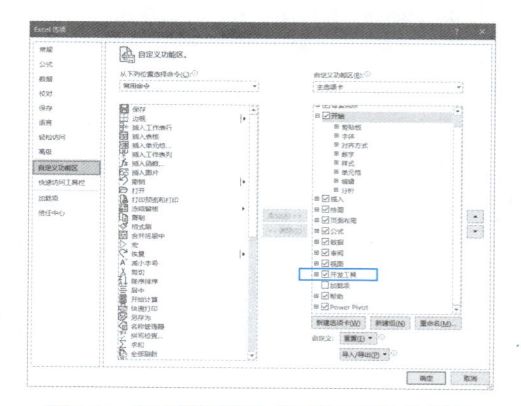

图7-5 在功能区显示"开发工具"选项卡

7.1.4 如何使用控件

控件的使用包括以下几种常见的操作。

- 插入控件。
- 移动控件。
- 复制控件。
- 删除控件。
- 修改控件标题。
- 设置控件格式。
- 组合控件。

1. 插入控件

插入控件的方法是：单击控件工具箱里的某个控件，然后在工作表的某个位置按住鼠标左键，往右往下拖动鼠标，即可在该位置插入一个控件，如图 7-6 所示。

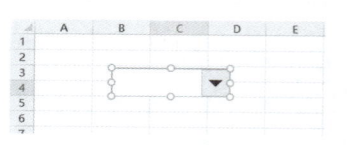

图7-6 插入的控件

2. 移动控件

如果想要将控件移动位置，先右击控件，让其出现 8 个小圆圈（也就是让控件处于编辑状态），然后拖动控件/小圆圈即可。

如果控件没有出现 8 个小圆圈，说明此刻它处于使用状态，是不能拖动的。

3. 复制控件

复制控件很简单，先使控件处于编辑状态，再按 Ctrl+C 组合键，然后在目标位置按 Ctrl+V 组合键即可。

我们可以将一个控件复制多个，这样就省去了不断插入控件的麻烦。

4. 删除控件

删除控件很简单，先使控件处于编辑状态，再按 Delete 键即可；也可以右击控件，执行快捷菜单中的"剪切"命令。

5. 修改控件标题

有些控件是有标题的（如选项按钮、复选框、标签和分组框），如图7-7所示。为了明确该控件的功能，需要将默认的标题修改为需要的标题文字。方法是：先使控件处于编辑状态，然后修改标题即可，如图7-8所示。

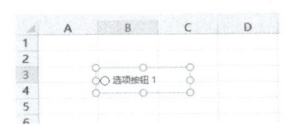

图7-7　控件的默认标题 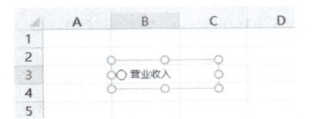　　　图7-8　修改的控件标题

6. 设置控件格式

设置控件格式是一项非常重要的操作。设置控件格式的目的是能够使用控件，通过它来控制工作表的某个单元格，便于以后根据控件返回值设置查找公式，进而制作动态图表。

设置控件格式的方法是：右击控件，执行快捷菜单中的"设置控件格式"命令，如图7-9所示，在弹出的"设置控件格式"对话框中进行相应的设置即可。

每个控件的格式设置对话框都会有所不同，主要是设置的项目不同。图7-10所示的是组合框的"设置控件格式"对话框，在该对话框中，切换到"控制"选项卡，即可看到需要设置的几个项目，包括数据源区域、单元格链接、下拉显示项数。

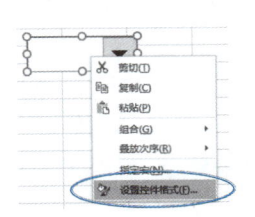

图7-9　执行"设置控件格式"命令 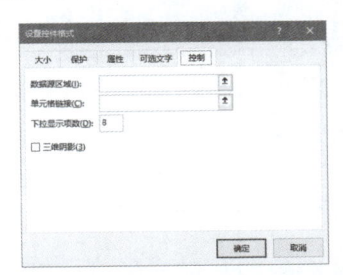　　　图7-10　"设置控件格式"对话框

组合框格式设置情况如图7-11所示。

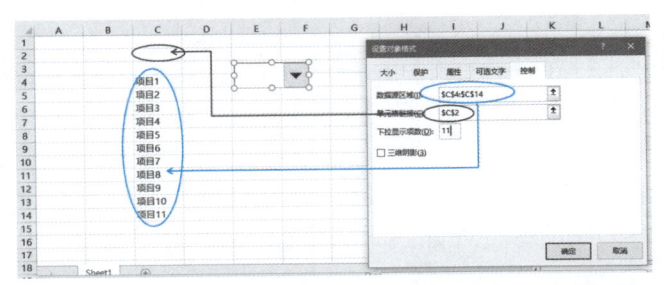

图7-11　设置控件格式——控制属性，包括数据源区域、单元格链接等

7. 组合控件

如要使用几个控件制作动态图表，往往需要挪动这些控件的位置。此时最好将这些控件先布局好彼此的位置，再将其组合起来，以方便操作。

83

组合控件是很简单的，先选择这些控件，右击并执行快捷菜单中的"组合"命令即可。

7.1.5 常用的表单控件

在制作动态图表时，常用的表单控件如下。

- 组合框：从下拉列表中选择某个项目。
- 列表框：从一个列表中选择某个项目。
- 选项按钮：从一组选项中选择某个选项。
- 复选框：一次可以选择一个或多个项目。
- 数值调节钮：通过单击上、下箭头按钮改变数值的大小。
- 滚动条：通过单击两端箭头按钮或拖动滑块，改变数值大小。
- 分组框：将控件进行分组，使界面布局美观，或制作多组单选按钮。
- 标签：显示标注文字。

这些控件的使用方法和实际应用案例，我们将在后面的各个章节中进行详细介绍。

7.2 常见的动态图表

在实际数据分析中，有以下几种类型的动态图表，可根据实际数据和实际问题，选择使用或者组合使用。

- 表单控件控制显示的动态图表。
- 数据验证控制显示的动态图表。
- 随数据自动变化而变化的动态图表。
- 切片器数据透视图。
- Power View 分析报告。

不论是哪种类型的动态图表，其核心都是如何控制绘图数据，进而控制图表的显示。

7.2.1 表单控件控制显示的动态图表

表单控件控制显示的动态图表，就是使用表单控件来控制动态图表显示，通过选择控件的项目或者选择不同的控件，来显示不同的数据。

> 案例7-1

联合使用组合框和选项按钮，分析指定产品、指定项目的两年数据，如图7-12、图7-13 所示。

图7-12 控件控制的图表：对产品08的收入进行同比分析

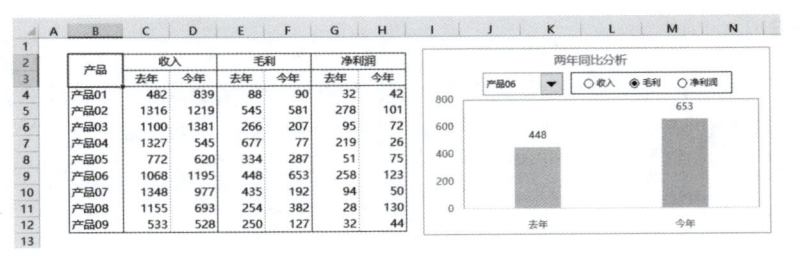

图7-13 控件控制的图表：对产品06的毛利进行同比分析

7.2.2 数据验证控制显示的动态图表

在某些分析模板中，不希望使用控件，而是通过数据验证来控制显示的动态图表，也就是把控制对象设置到单元格，在单元格里制作一个下拉列表，从而实现查看某个选定项目的数据。

案例7-2

图 7-14 所示就是利用数据验证控制显示的动态图表，在单元格 Q2 中选择所需产品，图表就变为该产品各月的销售数据，如图 7-15 所示。

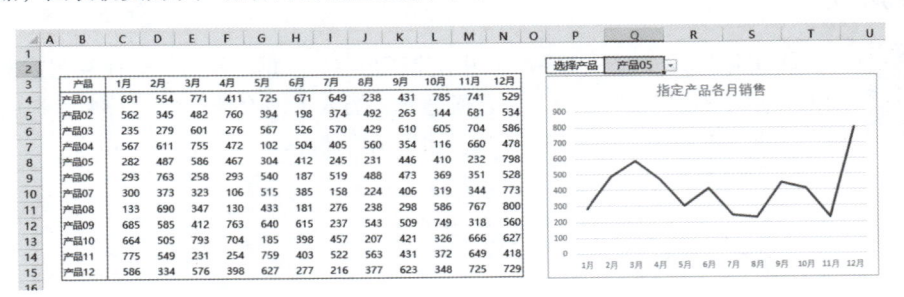

图7-14 通过数据验证控制动态图表显示

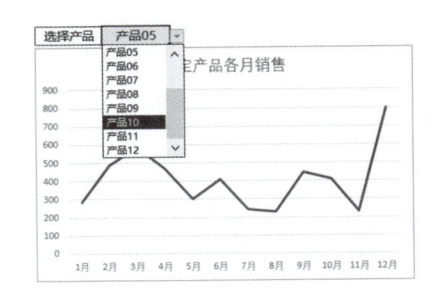

图7-15 在单元格的下拉列表中选择某种产品

7.2.3 随数据自动变化而变化的动态图表

还有一种动态图表，不需要任何控件来控制显示，而是根据实际数据区域的大小，自动调整绘图数据，使图表自动变化。

案例7-3

图 7-16 所示就是这样的动态图表，随着月份的增加或减少，图表会自动调整，如图 7-17 所示。这种动态图表的核心是使用 OFFSET 函数来获取变动的区域。

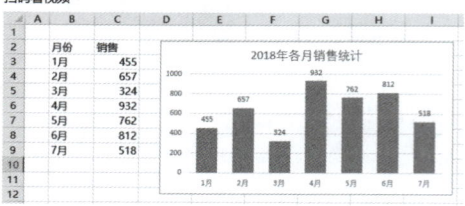

图7-16　目前只有7个月的数据，图表只绘制了1-7月的数据

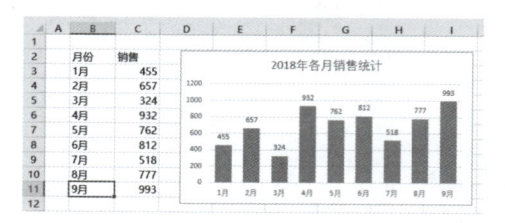

图7-17　工作表的月份增加，图表上的月份也增加

7.2.4　切片器控制数据透视图

数据透视图是与数据透视表同生共存的，当对数据透视表进行重新布局，或者进行筛选时，数据透视表就会发生变化，而数据透视图也会随之发生变化。

案例7-4

在实际数据分析中，常常使用切片器来控制数据透视表，进而控制数据透视图的显示。如图 7-18 所示，为数据透视表插入了两个切片器，一个筛选店铺性质、一个筛选地区，从而观察不同城市的销售情况。

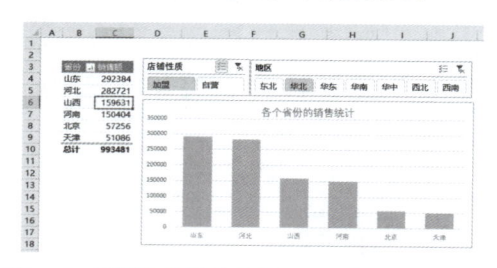

图7-18　利用切片器控制数据透视表和数据透视图

7.2.5　Power View 分析报告

相比之前的版本，Excel 2016 版有了更为强大的数据分析工具：Power 工具，包括 Power Query、Power Pivot、Power View 和 Power Map 等。其中，Power View 就是制作可视化分析报告的工具。

案例7-5

图 7-19 所示就是根据原始数据，利用 Power View 制作的分析报告。我们可以直接单击图表上的某个扇形或者柱形来显示不同的数据，或者通过单击图表上的按钮来分析指定的项目，分析各个地区各个省份的销售情况，如图 7-20 所示。

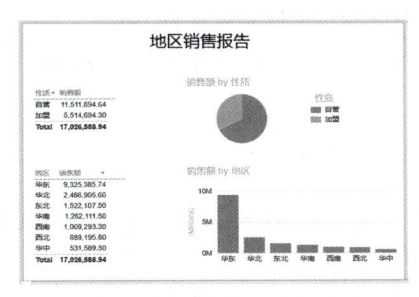

图7-19 地区销售报告

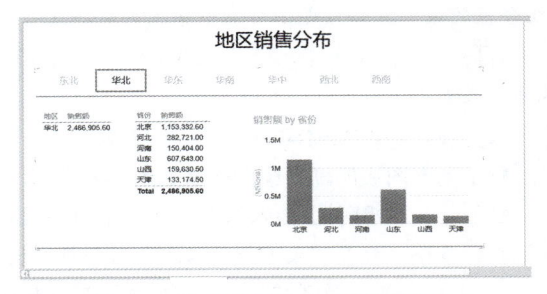

图7-20 各个地区各个省份的销售分布

7.3 动态图表的制作方法和步骤

了解了动态图表的基本原理，下面介绍动态图表的制作方法和具体步骤。其实动态图表制作并不复杂，只需熟练使用函数即可。

7.3.1 动态图表制作方法：辅助区域法

辅助区域法，是制作动态图表时最常用的方法。基本操作是：先利用函数从原始数据表中查询需要绘图的数据，做成一个辅助区域，再利用辅助区域数据绘制图表。

案例7-6

图7-21 所示是利用组合框来控制显示的动态图表，只要从组合框中选择不同的产品，动态图表就会显示指定产品的数据。

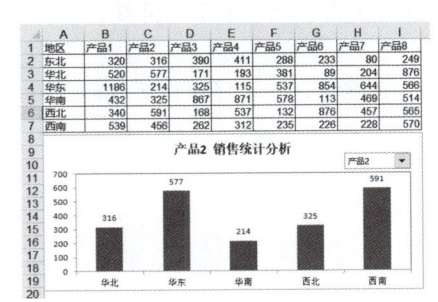

图7-21 利用控件制作的动态图表

该动态图表的绘制方法和步骤如下。

步骤① 确定使用组合框来控制图表，并确定哪个单元格保存组合框的返回值，这里确定用单元格 B10 来保存。

步骤② 在单元格 B10 中输入任意一个正整数，比如输入 5。

步骤③ 将单元格区域 A11:B16 作为绘图辅助区域，在单元格 B11 中输入数据查询公式，并往下复制，将用于绘图的产品数据查询出来：

=INDEX(B1:I1,,$B$10)

步骤④ 利用单元格区域 A11:B16 的数据绘制图表。

步骤⑤ 在表格的适当位置制作一个产品名称列表，以备为组合框设置数据源之用

（组合框的数据源必须是工作表中某列的数据）。这里制作的单元格区域为 F9:F16。

步骤 6 在某个单元格设置显示动态图表标题的公式，这里设置的单元格为 E18，输入的公式如下：

=B11&" 销售统计分析 "

整个动态图表的辅助绘图区域如图 7-22 所示。

步骤 7 在图表上插入组合框，然后选中该控件，右击并执行快捷菜单中的"设置控件格式"命令，打开"设置控件格式"对话框，切换到"控制"选项卡，进行如下设置。

（1）在"数据源区域"文本框中输入单元格区域 F9:F16（用鼠标拖选即可）。

（2）在"单元格链接"文本框中输入单元格 B10（单击即可）。

设置完毕后单击"确定"按钮，如图 7-23 所示。

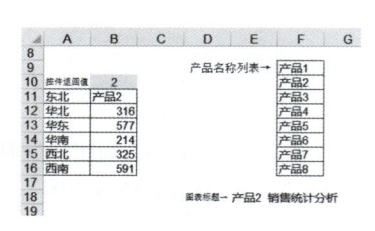

图7-22　绘制动态图表的辅助绘图区域　　图7-23　设置组合框的控制属性

步骤 8 为图表插入图表标题，并将其与单元格 E18 链接起来。

步骤 9 将图表拖放到工作表的适当位置，美化图表。

步骤 10 选择组合框（右击控件，出现 8 个小圆圈），按住鼠标左键将其拖到图表的适当位置。

步骤 11 将图表覆盖住辅助区域，或者将辅助区域移动到其他位置，保持当前界面干净整齐。

7.3.2　动态图表制作方法：动态名称法

案例7-7

在很多情况下，需要定义动态名称来绘制动态图表。以 7.3.1 节中的案例数据为例，使用动态名称绘制动态图表的基本方法和主要步骤如下。

步骤 1 确定哪个单元格保存组合框的返回值，这里确定用单元格 B10 来保存。

步骤 2 在单元格 B10 输入任意一个正整数，比如输入 5。

步骤 3 定义下面的两个名称（注意单元格绝对引用和相对引用的设置）：

地区：=$A$2:$A$7
产品：=OFFSET($A$2,,$B$10,6,1)

步骤 4 单击工作表的任意空白单元格，插入一个没有数据的空白图表，如图 7-24 所示。

步骤 5 右击图表，执行快捷菜单中的"选择数据"命令，打开"选择数据源"对话框，如图 7-25 所示。

图7-24　插入一个空白图表 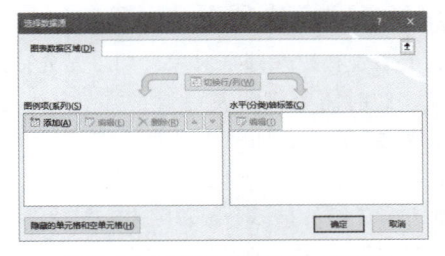　　　　图7-25　"选择数据源"对话框

步骤 6 单击"添加"按钮，打开"编辑数据系列"对话框，然后分别输入系列名称和系列值，如图7-26所示。注意，这里的系列值必须按照以下的规则输入：

=工作表名!定义的名称

步骤 7 单击"确定"按钮，返回"选择数据源"对话框，就添加上了相应的数据系列，如图7-27所示。

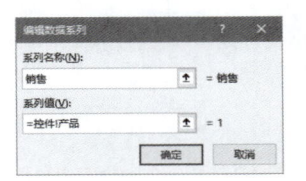

图7-26　为图表添加数据系列 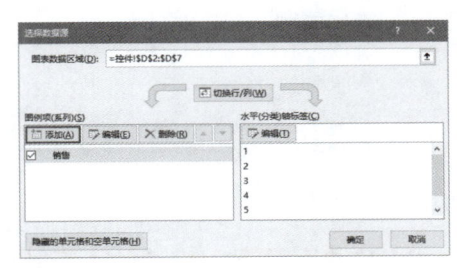　　　　图7-27　添加了数据系列

步骤 8 在右侧"水平(分类)轴标签"栏下单击"编辑"按钮，打开"轴标签"对话框，设置图表的轴标签区域，如图7-28所示。

同样要注意的是，这个轴标签区域的公式也必须按照所说的规则输入：

=工作表名!定义的名称

步骤 9 单击"确定"按钮，返回"选择数据源"对话框，如图7-29所示。这样，就完成了图表数据的添加工作。

步骤 10 单击"确定"按钮，就得到了图7-30所示的图表。

图7-28　添加轴标签区域

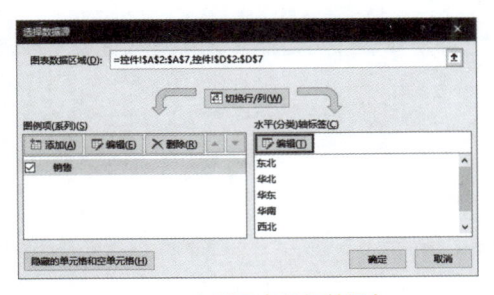

图7-29　完成图表数据的添加 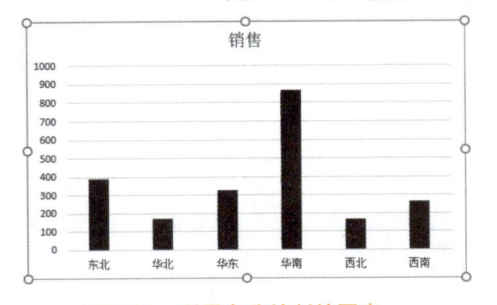　　　　图7-30　利用名称绘制的图表

步骤 11 美化图表，将控件移动到图表的适当位置，最终完成需要的动态图表。

7.3.3 将控件与图表组合起来，便于一起移动图表和控件

由于图表和控件都是对象，如果是先插入了控件，后绘制的图表，那么图表会把控件覆盖住。此时需要将图表置于底层。方法是：在图表区域右击鼠标并执行快捷菜单中的"置于底层"命令，如图 7-31 所示。

此外，尽管控件看起来是放到了图表上，实际上并没有粘到图表上，当把图表移动到某个地方时，控件是不会跟着图表一起移动的。

为了能够一起移动图表和控件，可以选择图表和控件，将它们组合起来，即执行快捷菜单中的"组合"命令即可，如图 7-32 所示。

图7-31　右击并执行"置于底层"命令　　图7-32　执行"组合"命令，将图表和控件组合起来

7.3.4 制作动态图表的六大步骤

制作动态图表，必须牢记六大步骤，才能快速准确地制作需要的图表。这六大步骤如下。

步骤 1 分析表格数据，确定要控制显示的项目。
步骤 2 根据控制显示项目的类型和数量，选择合适的表单控件。
步骤 3 在工作表上确定保存控件返回值的单元格。
步骤 4 根据控件返回值，利用函数从原始数据区域中把要绘制图表的数据查找出来，或者定义绘图数据的动态名称。
步骤 5 根据查询出的数据或名称绘制动态图表。
步骤 6 在图表上插入步骤 2 确定的控件，并与步骤 3 确定的单元格建立链接（即设置控件的控制属性）。

7.4 让图表上的元素动起来

图表的某些元素可以跟单元格链接起来，显示指定单元格的数据，当单元格数据变化后，图表的这些元素显示的内容也就发生了变化。这些元素有：图表标题、坐标轴标题、数据标签。这些元素实质上就是图表上的文本框，因此可以显示为单元格的内容。

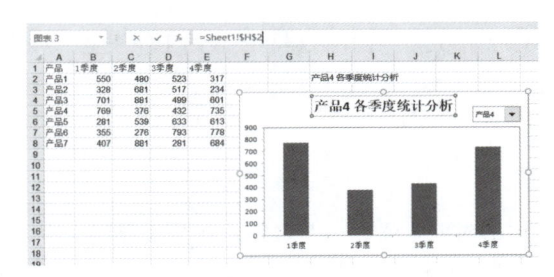

7.4.1 制作动态的图表标题

动态的图表标题，是动态图表的一个重要组成部分。动态的图表标题可以让图表所表达的主题思想变得更加清晰。

制作动态图表标题的基本方法是：先采用常规的方法插入一个图表标题，然后选择这个图表标题，将光标移动到编辑栏中，输入等号（=），再单击要链接的单元格，按 Enter 键，即可完成图表标题与指定单元格的链接。

案例7-8

图 7-33 所示的是把默认的图表标题变成一个动态的图表标题的结果，主要操作步骤如下。

步骤 1 在单元格 H2 中输入动态字符串公式 "=H6&" 各季度统计分析 ""。

步骤 2 选中图表标题。

步骤 3 在编辑栏中输入公式 "=Sheet1!$H$2"，按 Enter 键。

这里，单元格 H6 保存的是指定产品的名称，其公式为 "=INDEX(A2:A8,$H$4)"，而单元格 H4 是组合框的返回值（即组合框中选中产品的顺序号）。

图7-33　制作动态的图表标题

7.4.2 制作动态的坐标轴标题

图表的坐标轴标题也可以显示为单元格的字符串，这样在分析不同类别的数据时，就可以让坐标轴标题显示为不同的说明文字。

具体链接方法与 7.4.1 一样，即先在单元格输入公式，建立动态标题字符串，然后将这个单元格与坐标轴标题链接起来。

案例7-9

图 7-34 所示就是将坐标轴标题显示为不同的说明文字，此外，图表标题也是动态的。

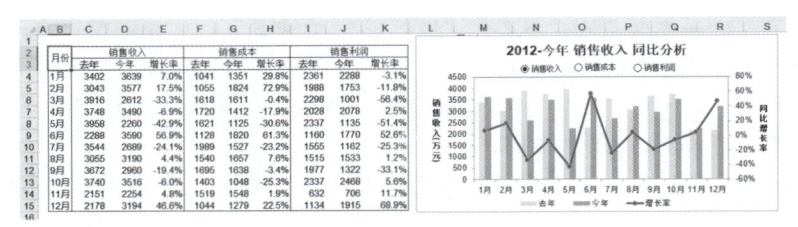

图7-34　制作动态的坐标轴标题

7.4.3 制作动态的数据标签

在正常情况下，数据标签可以显示数据系列的系列名称、类别名称和值这 3 项可选内容，但是数据标签同样也可显示为单元格的数据，这样就可以使动态图表的信息显示更加丰富和个性化，分析数据也更加灵活。

例如，可以将默认的标签值显示为单元格中另外的一个计算结果，使标签显示更加重要的信息。

让标签显示指定单元格的数据，需要先选中某个数据点标签（先单击数据系列的某个数据标签，就会选中全部的数据标签，再单击某个指定的数据点标签，将该数据点标签单独选中），然后将该标签与单元格链接起来，具体方法已介绍过，这里不再赘述。

7.5 不可忽视的安全性工作：保护绘图数据

绝大多数的动态图表都是利用辅助区域法绘制的，因此对辅助区域内的公式和数据进行保护就变得非常重要。

保护这个区域的实用方法是：将辅助区域单独放在一个工作表上，图表绘制完毕后，把这个工作表隐藏即可。

也可以在当前保存有原始数据、绘图数据和图表的工作表上，对公式进行特殊保护。

7.6 制作动态图表的必备技能：定义名称

7.6.1 什么是名称

名称就是给工作表中的对象定义的一个名字，在公式或函数中，可以直接使用定义的名称进行计算，而不必去理会对象在哪里。

例如，下面的公式就是使用了"客户"和"销量"这两个名称：

=SUMIF(客户,"华为",销量)

定义名称的相关命令在"公式"选项卡中，如图 7-35 所示。常用的有以下几个命令按钮。

（1）"定义名称"按钮，每次可以定义一个名称。

（2）"根据所选内容创建"按钮，可以一次批量定义多个名称。

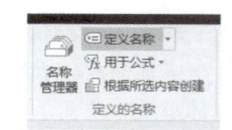

图7-35 定义名称的相关命令

（3）"名称管理器"按钮，用于创建、编辑、修改、删除名称。

7.6.2 能够定义名称的对象

几乎所有的 Excel 对象，如常量、单元格、单元格区域和公式等，都可以定义名称。

- 常量。比如可以定义一个名称"增值税"，它代表 0.17。在公式"=D2*增值税"中，这个"增值税"就是 0.17。
- 单元格。比如把单元格 A1 定义为名称"年份"，若在公式中使用"年份"两字，就是引用单元格 A1 中指定的年份。
- 单元格区域。比如把 B 列定义为名称"日期"，D 列定义为名称"销售量"，那么公式"=SUMIF(日期,"2018年",销售量)"就使用了两个名称，分别代表对

B列进行条件判断，对D列求和。

◎ 公式。可以对创建的公式定义名称，以便更好地处理、分析数据。例如，把公式"=OFFSET($A$1,,,$A:$A,$1:$1)"命名为"data"，就可以利用这个动态的名称制作基于动态数据源的数据透视表，而不必每次都去更改数据源。

合理使用定义名称，可以使数据处理和分析更加快捷和高效。

7.6.3 定义名称的规则

定义名称要遵循以下规则。

◎ 名称的长度不能超过255个字符。
◎ 名称中不能含有空格，但可以使用下划线和句点。例如，名称不能是"Month Total"，但可以是"Month_Total"或"Month.Total"。
◎ 名称中不能使用除下划线和句点以外的其他符号。
◎ 名称的第1个字符必须是字母或汉字，不能使用单元格地址或阿拉伯数字。
◎ 名称中的字母不区分大小写。例如，名称"MYNAME"和"myname"或"myName"是相同的，在公式中使用哪个都是可以的。

不过要注意的是，定义的名称保存的是第1次定义时所输入的名字。因此，如果在首次定义名称时输入的名字是"MYNAME"，那么我们在名字列表中就看不到名字"myname"，只能看到名字"MYNAME"。

7.6.4 定义名称方法一：利用名称框

利用名称框定义名称是一种比较简单、适用性强的方法。其基本步骤是：首先选取要定义名称的单元格区域（可以是整行、整列、连续的单元格区域，也可以是不连续的单元格区域），然后在名称框中输入名称，最后按Enter键即可，如图7-36所示。

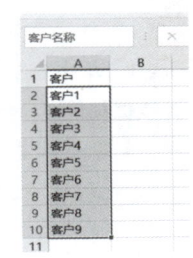

图7-36 利用名称框定义名称

7.6.5 定义名称方法二：利用"新建名称"对话框

利用"定义名称"对话框来定义名称，就是执行"定义名称"命令，在打开的"新建名称"对话框中定义名称，如图7-37所示。主要方法和步骤如下。

步骤 ① 在"公式"选项卡中单击"定义的名称"组中的"定义名称"按钮。

步骤 ② 打开"新建名称"对话框。

步骤 ③ 在"名称"文本框中输入要定义的名称。

步骤 ④ 在"引用位置"中选择要定义名称的单元格区域。

步骤 ⑤ 单击"确定"按钮。

说明："范围"可以保持默认的"工作簿"，也就是定义的名称适用于本工作簿的所有工作表。

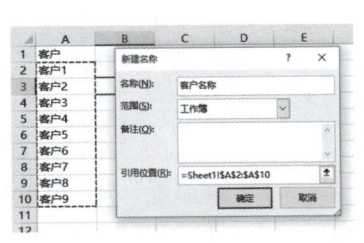

图7-37 利用"新建名称"对话框定义名称

7.6.6 定义名称方法三：利用"名称管理器"

如果一次要定义几个不同的名称，可以单击"公式"选项卡"定义的名称"组中的

"名称管理器"按钮,打开"名称管理器"对话框,如图7-38所示;单击"新建"按钮,打开"新建名称"对话框,定义好名称后,返回"名称管理器"对话框;待所有名称都定义完毕后,关闭"名称管理器"对话框即可。

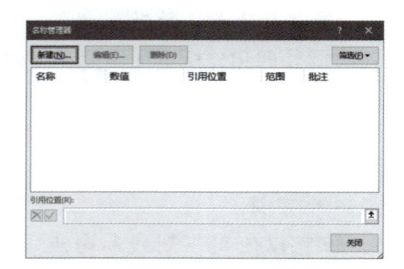

图7-38 利用"名称管理器"对话框定义名称

7.6.7 定义名称方法四:批量定义名称

当工作表的数据区域有行标题或列标题,而且希望把这些标题文字作为名称使用时,就可以利用"根据所选内容创建"命令自动快速定义多个名称。具体步骤如下。

步骤① 选择要定义行名称和列名称的数据区域(包含行标题或列标题)。
步骤② 单击"公式"选项卡"定义的名称"组中的"根据所选内容创建"按钮。
步骤③ 打开"根据所选内容创建名称"对话框。
步骤④ 勾选"首行"或者"最左列"等复选框。
步骤⑤ 单击"确定"按钮。

示例数据如图7-39所示。

打开"名称管理器"对话框,就可以看到批量定义的5个名称,如图7-40所示。

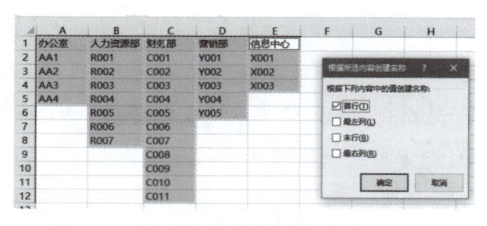

图7-39 根据行标题或列标题定义多个名称

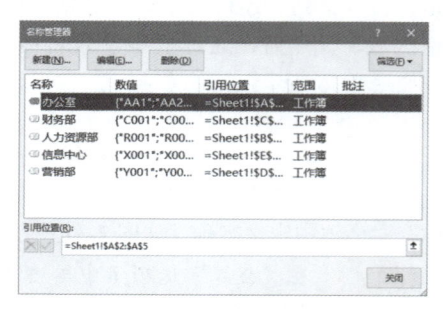

图7-40 批量定义的5个名称

7.6.8 定义名称方法五:将公式定义为名称

在制作动态图表时,更多的情况是为一个动态的数据区域定义名称,而这个动态区域是由函数(主要是OFFSET函数)创建的公式所引用的区域,此时建议采用以下方法和步骤来定义动态名称。

步骤① 在某个空白单元格中输入公式。
步骤② 截取这个公式中的字符串(也就是去掉等号"="后的部分)。
步骤③ 将这个公式字符串复制粘贴到名称框,按Enter键,验证公式是否正确。

步骤 4 验证无误后，再复制完整的公式（带等号"="）。

步骤 5 单击"定义名称"按钮，或者单击"名称管理器"对话框中的"新建"按钮，打开"新建名称"对话框，输入名称，并把公式粘贴到"引用位置"文本框里。

步骤 6 单击"确定"按钮，完成名称的定义，如图 7-41 所示。

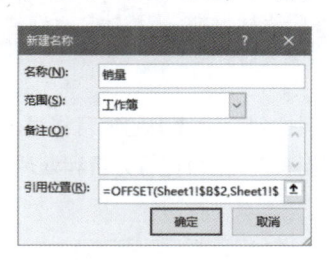

图7-41 为公式定义名称

7.6.9 编辑、修改和删除名称

编辑、修改和删除名称是在"名称管理器"对话框中进行的。

要编辑修改某个名称，就在该对话框的名称列表中选择该名称，单击"编辑"按钮即可。

要删除某个或某几个名称，就在该对话框的名称列表中选择该名称或某几个名称，单击"删除"按钮即可。

第 8 章
组合框控制的动态图表

组合框又称下拉列表框,在下拉列表中选中的项目将显示在组合框中,如图 8-1 所示。在进行数据分析时,每次可以从中选择一个项目进行分析和处理。

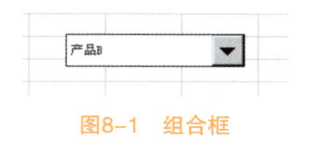

图8-1 组合框

组合框是制作动态图表最常用的控件之一,在很多数据分析中,常常要用到这个控件,而且还可以多个组合框联合使用。

8.1 认识组合框

8.1.1 组合框的控制属性

组合框的控制属性如图 8-2 所示,主要控制属性介绍如下。

- ◎ 数据源区域:对项目列表区域的引用。要特别注意,组合框的数据源区域必须是工作表的列数据区域,并且只能是一列的数据。
- ◎ 单元格链接:返回在组合框中选定的项目的编号(列表中第 1 个项目的编号为 1,第 2 个项目的编号为 2,以此类推)。
- ◎ 下拉显示项数:指定在下拉列表中单击下拉按钮要显示的行数,默认是 8 行。

图8-2 组合框的控制属性

由于组合框的返回值是选定项目的编号,因此,我们可以使用 INDEX 函数、OFFSET 函数等创建公式,把要在图表上显示的某个项目数据查找出来。

8.1.2 组合框的基本使用方法

案例8-1

图 8-3 所示是一个利用组合框选择显示指定产品销售数据分析图表。

在该图表上有一个组合框，用于选择要显示的产品名称。只要选择了某个产品，就会自动绘制该产品的销售数据图表。

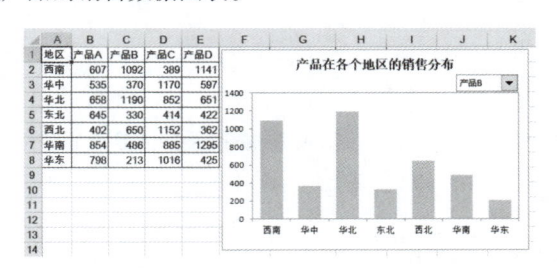

图8-3 利用组合框选择显示指定产品的销售分析图表

下面介绍这个图表的具体制作方法和详细步骤。

步骤 1 设计辅助列（这里是单元格区域 G3:G6）并保存产品名称，为组合框准备数据源，如图 8-4 所示。

步骤 2 插入一个组合框，设置其控制属性，如图 8-5 所示。具体设置如下。

- 数据源区域：$G$3:$G$6。
- 单元格链接：$G$2。
- 下拉显示项数：保持默认的 8。

图8-4 设计辅助列并保存产品名称

图8-5 设置组合框的控制属性

步骤 3 设计辅助绘图数据区域，其中，单元格区域 I2:I8 保存复制过来的地区名称，单元格区域 J2:J8 保存根据单元格 G2 查询出来的产品的数据。

单元格 J2 的公式如下：

```
=INDEX(B2:E2,,$G$2)
```

效果如图 8-6 所示。

步骤 4 选择单元格区域 I1:J8，绘制普通的柱形图，并根据需要对图表进行必要的修饰和美化，再将图表移动到适当的位置，如图 8-7 所示。

图8-6　设计辅助绘图数据区域

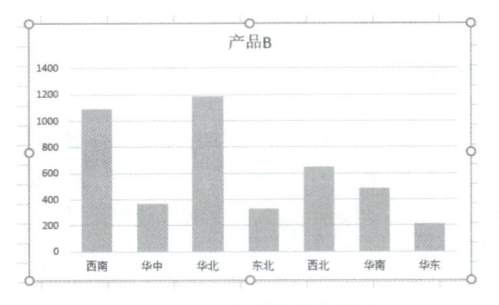

图8-7　绘制的基本图表

步骤 5 注意要将图表置于底层，以便能够将组合框显示出来，最后将组合框和图表组合在一起。

8.2 使用多个组合框控制图表

有些情况下，需要使用多个组合框来分析数据。这些组合框可以彼此独立，也可以彼此关联，这样的动态图表制作起来也是很简单的。

8.2.1 使用多个彼此独立的组合框控制图表

如果要分析的类别和项目有多个，且彼此之间没有关联性，就可以使用多个组合框分别控制显示指定类别和指定项目。

案例8-2

图8-8所示是各个部门的费用汇总表，已知每个科室的费用项目结构是一样的。现在要求制作以下分析报告。

（1）分析指定部门、指定费用，各个月份的费用变化。

（2）分析指定月份、指定费用，各个部门的当月数对比情况。

（3）分析指定月份、指定费用，各个部门的累计数对比情况。

图8-8　各个部门的费用汇总表

1. 第 1 个分析报告

步骤 1 新建一个工作表，然后设计两个辅助列 Q 列和 R 列，分别保存部门名称和费用名称，为分别选择部门和费用的组合框准备数据源，如图 8-9 所示。

步骤 2 插入两个组合框，分别设置其控制属性。

（1）组合框 1：选择部门，设置其"数据源区域"为 $Q$3:$Q$9，"单元格链接"为 $Q$2，"下拉显示项数"为 8，如图 8-10 所示。

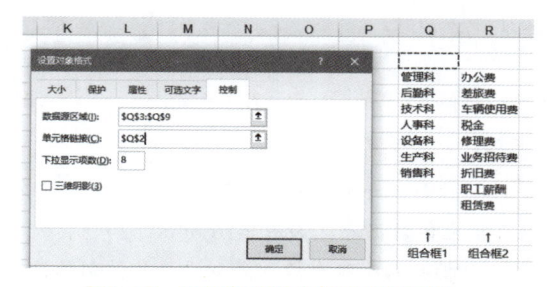

图8-9　两个组合框的数据源

图8-10　设置部门组合框的控制属性

（2）组合框 2：选择费用，设置其"数据源区域"为 $R$3:$R$11，"单元格链接"为 $R$2，"下拉显示项数"为 9，如图 8-11 所示。

步骤 3 设计辅助绘图数据区域，根据单元格 Q2（为选择的部门）和单元格 R2（为选择的费用），查询该部门该项费用的各个月数据，如图 8-12 所示。

根据原始表格的结构特点，在单元格 U3 中输入下面的公式，并往下复制，就可得到各个月指定部门、指定费用的数据：

`=OFFSET(源数据!$B$1,($Q$2-1)*9+$R$2,ROW(A1))`

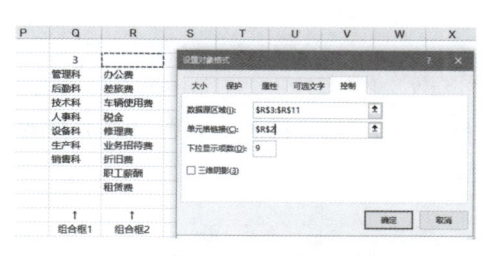

图8-11　设置费用组合框的控制属性

图8-12　设计辅助绘图数据区域

步骤 4 利用单元格区域 T2:U14 的数据绘制折线图，并对其进行基本的美化，如图 8-13 所示。

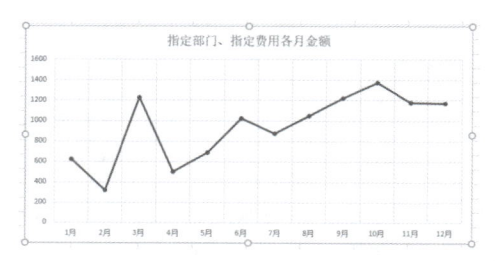

图8-13　用辅助数据区域绘制折线图

步骤 5 将图表置于底层,并把两个组合框移动到图表上,然后将两个组合框和图表进行组合,就可以得到如图 8-14 和图 8-15 所示的动态图表。

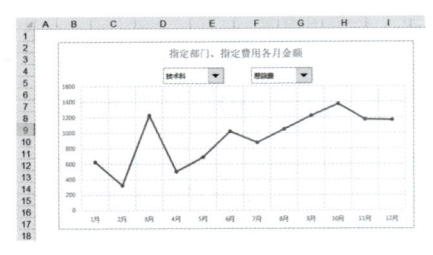

图8-14　各个月指定部门、指定费用的变化

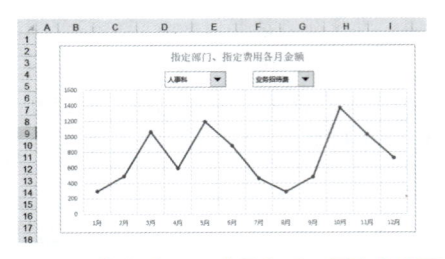

图8-15　部门变了,费用变了,图表也变了

2. 第 2 个分析报告

步骤 1 设计两个辅助列 Q 列和 R 列,分别保存月份和费用名称,为分别选择月份和费用的组合框准备数据源,如图 8-16 所示。

步骤 2 插入两个组合框,分别设置其控制属性。

(1)组合框 1:选择月份,设置其"数据源区域"为 $Q$23:$Q$34,"单元格链接"为 $Q$22,"下拉显示项数"为 12,如图 8-17 所示。

图8-16　两个组合框的数据源

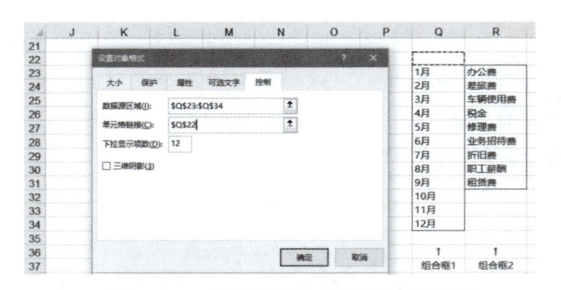

图8-17　设置月份组合框的控制属性

(2)组合框 2:选择部门,设置其"数据源区域"为 $R$23:$R$31,"单元格链接"为 $R$22,"下拉显示项数"为 9,如图 8-18 所示。

图8-18　设置费用组合框的控制属性

步骤 3 设计辅助绘图数据区域,根据单元格 Q22(为选择的月份)和 R22(为选择的费用),查询该部门该项费用的各个月数据,如图 8-19 所示。

根据原始表格的结构特点，在单元格 U24 中输入下面的公式，并往下复制，就可得到各个月指定部门、指定费用的数据：

=INDEX(源数据!$C$2:$N$64,MATCH(T24,源数据!$A$2:$A$64,0)+$R$22-1,$Q$22)

也可以使用 INDEX 函数或者 HLOOKUP 函数，请读者自行练习。

图8-19 设计辅助绘图数据区域

步骤 4 利用单元格区域 T23:U30 的数据绘制柱形图，并对其进行基本的美化，再将图表置于底层，将两个组合框移动到图表上，然后将两个组合框和图表进行组合，即可得到如图 8-20 所示的动态图表。

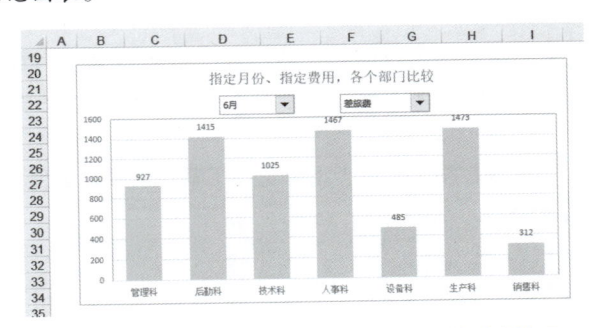

图8-20 各个部门指定月份、指定费用的对比情况

3. 第3个分析报告

根据指定月份、指定费用，分析各个部门的累计数，其制作方法与前面两个分析报告基本一样，区别是要使用 OFFSET 函数计算累计数。

设计辅助绘图数据区域，根据单元格 Q22（为选择的月份）和 R22（为选择的费用），计算该部门该项费用截止到当前月份的累计数，如图 8-21 所示。单元格 X24 的公式如下：

=SUM(OFFSET(源数据!$C$1,MATCH(T24,源数据!$A$2:$A$64,0)+$R$22-1,,1,$Q$22))

利用单元格区域 W23:X30 的数据绘制柱形图，并进行美化，然后将图表置于底层。最后将第 2 个分析报告上的两个组合框复制一份，放到这个图表上，即可得到如图 8-22 所示的动态图表。

图8-21 设计辅助绘图数据区域

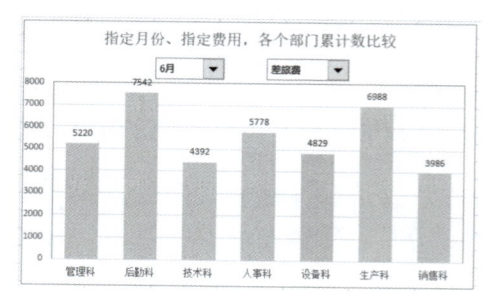

图8-22 各个部门指定月份、指定费用的累计数对比情况

8.2.2 使用多个彼此关联的组合框

假如有很多客户，且每个客户都有不同的产品，现在要求在图表上显示指定客户下某种产品的数据，那么该怎样制作动态图表呢？

这样的图表就是多重限制选择显示图表。要制作这样的图表，需要使用两个甚至多个组合框，并定义动态名称。

案例8-3

图 8-23 所示是一些供应商的商品抽检合格率汇总表，现在要求绘制一个能任意查看某个供应商下某种商品各个月的抽检合格率的图表，其效果如图 8-24 所示。

这个图表的特点是：如果在第 1 个组合框里选择了某个供应商，那么在第 2 个组合框里只能选择该供应商下的商品。

图8-23 一些供应商的商品抽检合格率汇总表

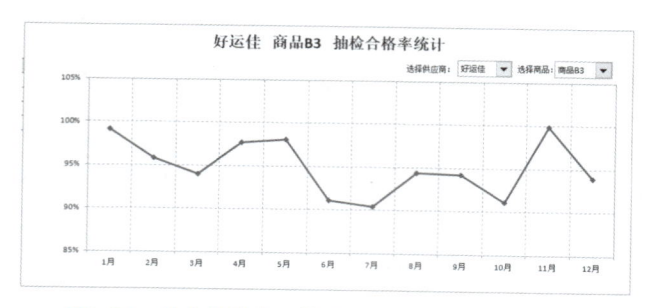

图8-24 某个供应商下某种商品各个月的抽检合格率

这个图表的制作是比较复杂的，主要的方法和步骤如下。

步骤 1　设计辅助绘图数据区域，如图 8-25 所示。注意，这些数据是用来定义名称，而不是用来直接绘图。具体操作如下。

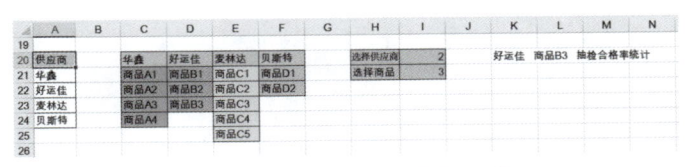

图8-25　设计辅助绘图数据区域

（1）在单元格区域 A21:A24 中分别保存各个供应商的名称。

（2）在单元格区域 C21:F25 中分别保存各个供应商（供应商名称保存在单元格区域 C20:F20）下的商品名称。

（3）在单元格 I20 中保存第 1 个组合框的返回值，用于选择供应商。

（4）在单元格 I21 中保存第 2 个组合框的返回值，用于选择指定供应商下的商品名称。

步骤 2　定义表 8-1 所示的几个名称。这里假定数据在工作表 Sheet1 上。

表 8-1　定义的名称

名　称	引 用 位 置
供应商	=$A$21:$A$24
商品	=CHOOSE($I$20,$C$21:$C$24,$D$21:$D$23,$E$21:$E$25,$F$21:$F$22)
合格率	=OFFSET(CHOOSE($I$20,$A$3,$A$7,$A$10,$A$15),$I$21-1,2,1,12)
月份	=$C$2:$N$2

步骤 3　为了能够在图表上显示动态的图表标题，在单元格 K20 中输入下面的公式：

=INDEX(供应商,I20,0)&"　"&INDEX(C21:F25,I21,I20)&"　抽检合格率统计"

步骤 4　利用定义的名称"合格率"和"月份"绘制折线图，并美化图表，为图表添加垂直网格线，设置数值轴的最大刻度值和最小刻度值。

步骤 5　为图表添加图表标题，并将标题与单元格 K20 链接。

步骤 6　在图表的适当位置插入两个标签和两个组合框，具体操作如下。

（1）将两个标签的标题文字分别修改为"选择供应商："和"选择商品："。

（2）分别选择两个组合框，并设置它们的控制属性。其中，设置供应商组合框的"数据源区域"为定义的名称"供应商"，"单元格链接"为 $I$20，"下拉显示项数"为 8，如图 8-26 所示。

（3）设置商品组合框的"数据源区域"为定义的名称"商品"，"单元格链接"为 $I$21，"下拉显示项数"为 8，如图 8-27 所示。

步骤 7　为了便于移动这两个标签和两个组合框，将它们组合在一起。

步骤 8　调整图表控件的位置。

这样，要求的图表就制作完毕了。当在选择供应商的组合框中选择某个供应商时，在选择商品的组合框中只出现该供应商的商品，其他供应商的商品是不出现的，这样就提高了数据分析的准确性和效率。

图8-26 设置供应商组合框的控制属性 　　图8-27 设置商品组合框的控制属性

8.2.3 分析指定时间段内的数据

案例8-4

图 8-28 左侧的 A 列和 B 列是 2018 年玉米采购日期和采购价格的汇总数据。数据比较多，如果把这些数据都画在图表上，图表就没法看了。因此，在此使用了两个组合框，分别选择开始日期和截止日期，图表上就也显示了这两个日期之间的所有数据。

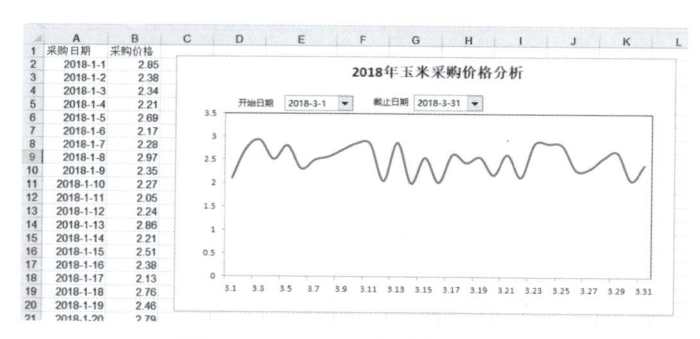

图8-28　2018年玉米采购价格分析

这是一个典型的基于动态滚动区域绘制图表的问题。由于组合框得到的是一个位置号，所以可以使用 OFFSET 函数定义动态名称，并制作这个动态图表。详细步骤如下。

步骤 1 定义一个动态名称"日期序列"，其引用位置如下：

=OFFSET($A$2,,,COUNTA($A:$A)-1,1)

这个名称准备用作两个日期选择组合框的数据来源。

步骤 2 插入两个组合框，分别用于选择开始日期和截止日期，它们的"数据源区域"均是名称"日期序列"表示的日期区域，"单元格链接"分别是 $F$2 和 $F$3，"下拉显示项数"均设置为 15，如图 8-29 和图 8-30 所示。

图8-29 设置开始日期组合框的控制属性　　图8-30 设置截止日期组合框的控制属性

步骤 3 定义下面两个动态名称。这里假定数据在工作表 Sheet1 上。

采购日期：=OFFSET($A$2,$F$2-1,,$F$3-$F$2+1,1)
采购价格：=OFFSET($B$2,$F$2-1,,$F$3-$F$2+1,1)

步骤 4 利用定义的名称绘制平滑线折线图，并美化图表。
步骤 5 在图表上插入标签，将标题文字分别修改为"开始日期"和"截止日期"。
步骤 6 将图表置于底层，调整图表的大小和位置，并移动组合框到图表上的合适位置，再将图表和控件组合起来。

这样，要求的图表就制作完毕了。

8.3 综合应用：员工属性分析图表

下面将通过一个员工信息动态分析图表的例子，来综合运用组合框。

案例8-5

图 8-31 所示是从员工基本信息表里计算得到的汇总数据，这些数据看起来很不方便。现在要求把这个报表可视化，制作如下的动态分析图表。

（1）分析指定部门、指定类别下的各个小项人数分布。
（2）分析指定类别下、指定小项的各个部门人数分布。

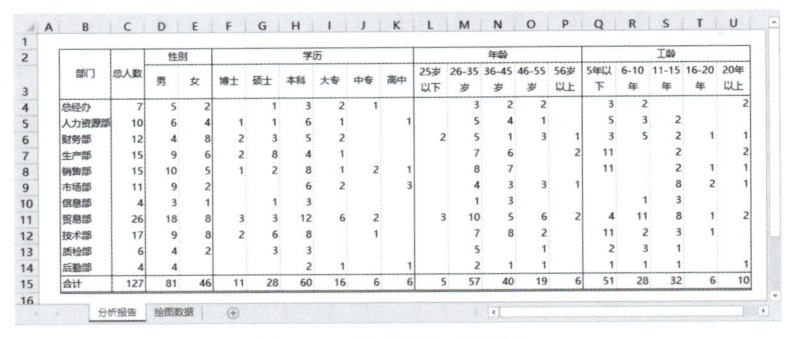

图8-31 员工属性分析报告

报告的效果如图 8-32 所示。

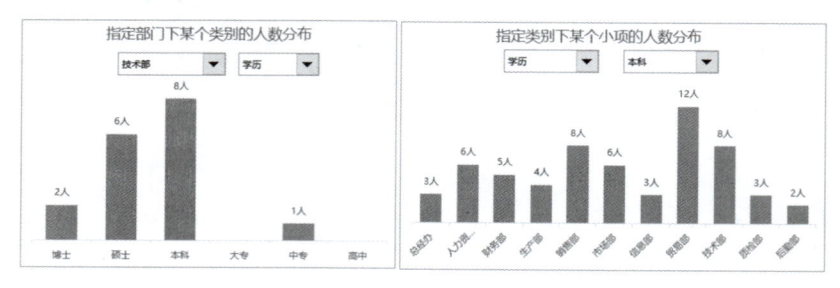

图8-32 员工属性分析报告的可视化

1. 分析指定部门、指定类别下的各个小项人数分布

这个图表需要使用两个组合框：第 1 个用于选择部门，第 2 个用于选择类别。例如，第 1 个组合框选择了财务部，第 2 个组合框选择了学历，那么这个图表就是分析财务部各种学历的人数分布。制作此图表的详细步骤如下。

步骤 1 插入一个新工作表，重命名为"绘图数据"。

步骤 2 设计控件数据区域，以及对各个类别的数据进行简单统计，如图 8-33 所示。

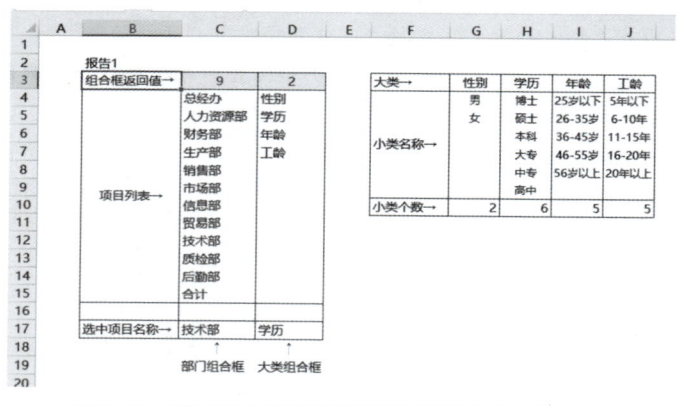

图8-33 设计组合框的数据区域及统计其他计算数据

步骤 3 在工作表"分析报告"上插入一个组合框，用于选择部门，其控制属性设置如图 8-34 所示。

- 数据源区域：绘图数据 !$C$4:$C$15。
- 单元格链接：绘图数据 !$C$3。
- 下拉显示项数：12。

步骤 4 在工作表"分析报告"上再插入一个组合框，用于选择某个大类，其控制属性设置如图 8-35 所示。

- 数据源区域：绘图数据 !$C$4:$D$7。
- 单元格链接：绘图数据 !$D$3。
- 下拉显示项数：4。

图8-34 设置部门组合框的控制属性 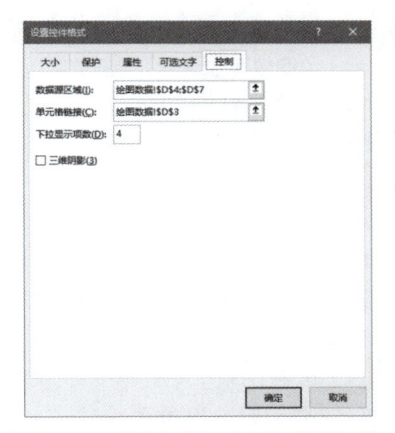　　图8-35 设置大类组合框的控制属性

步骤 5 定义下面两个动态名称。

（1）名称：类别1。

引用位置：=OFFSET(分析报告!$C$3,,MATCH(绘图数据!$D$17,分析报告!$D$2:$U$2,0),1,HLOOKUP(绘图数据!$D$17,绘图数据!$G$3:$J$10,8,0))

（2）名称：人数1。

引用位置：=OFFSET(分析报告!$C$3,绘图数据!$C$3,MATCH(绘图数据!$D$17,分析报告!$D$2:$U$2,0),1,HLOOKUP(绘图数据!$D$17,绘图数据!$G$3:$J$10,8,0))

步骤 6 利用这两个名称绘制簇状柱形图，并进行美化，显示标签，再将两个组合框移到图表上，如图8-36所示。

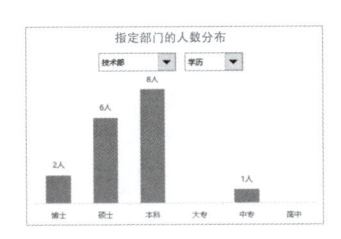

图8-36 指定部门的各个小项人数分布

2.分析指定类别下小项的各个部门人数分布

制作此图表的详细步骤如下。

步骤 1 在工作表"绘图数据"上，设计控件数据区域，以及对各个类别的数据进行简单统计，如图8-37所示。

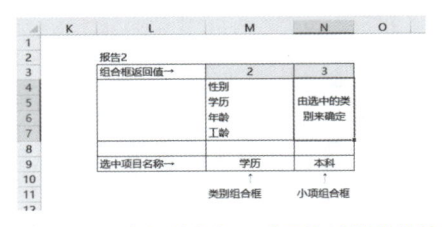

图8-37 设计组合框的数据区域及统计其他计算数据

步骤 2 定义一个动态名称"小项",引用位置为:

=CHOOSE(绘图数据!$M$3,绘图数据!$G$4:$G$5,绘图数据!$H$4:$H$9,绘图数据!$I$4:$I$8,绘图数据!$J$4:$J$8)

动态名称"小项"将作为选择某个类别下的小项组合框的数据源。

步骤 3 在工作表"分析报告"上插入一个组合框,用于选择大类,其设置的控制属性如图8-38所示。

- "数据源区域":绘图数据!$M$4:$M$7。
- "单元格链接":绘图数据!$M$3。
- "下拉显示项数":8。

步骤 4 在工作表"分析报告"上再插入一个组合框,用于选择大类下的某个小项,其设置的控制属性如图8-39所示。

- "数据源区域":小项。
- "单元格链接":绘图数据!$N$3。
- "下拉显示项数":8。

图8-38 设置大类组合框的控制属性　　图8-39 设置小项组合框的控制属性

步骤 5 定义下面两个动态名称。

(1)名称:部门。

引用位置:=分析报告!$B$4:$B$14

(2)名称:人数2。

引用位置:=OFFSET(分析报告!$C$4,,MATCH(绘图数据!$N$9,分析报告!$D$3:$U$3,0),11,1)

步骤 6 利用这两个名称绘制簇状柱形图,并进行美化,显示标签,再将两个组合框移到图表上,如图8-40所示。

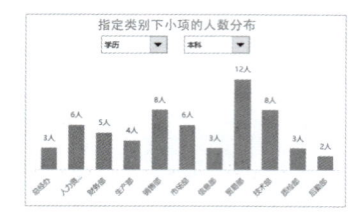

图8-40 指定类别下小项的各个部门人数分布

第 9 章
列表框控制的动态图表

如果要分析的项目很多，使用组合框就不是最佳的选择。因为在组合框里选择项目很不方便，每次都需要单击下拉按钮来选择某个项目。此时，我们就可以使用列表框来分析更多的项目。

列表框可以显示所有项目（取决于列表框的外观大小），只需直接单击要显示的项目即可，如图 9-1 所示。在某些动态图表中，尤其是项目比较多的动态图表中，使用列表框更加直观、方便。

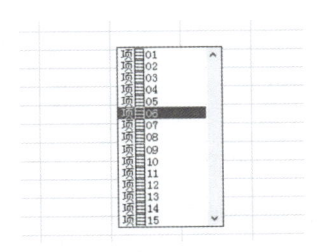

图9-1　列表框

列表框与组合框的用法大致相同。唯一不同的是，组合框每次只能选择和显示一个项目，选择起来不方便；但列表框能显示多个项目，可以直接单击项目，选择起来就非常方便。因此，只要我们会使用组合框，那么列表框也不在话下。

不过，到底是使用组合框还是列表框，除了要考虑使用是否方便外，还要考虑分析报告的美观性。

9.1 认识列表框

9.1.1 列表框的控制属性

列表框的控制属性如图 9-2 所示，主要属性介绍如下。

- "数据源区域"：对区域的引用，该区域包含要在列表框中显示的数据。注意，这个区域必须是保存在工作表的某列。
- "单元格链接"：返回在列表框中选定的项目的编号（列表中第 1 个项目的编号为 1，第 2 个项目的编号为 2，以此类推）。
- "选定类型"：指定在列表中选定项目的方式。一般保持默认的"单选"。

图9-2　列表框的控制属性

由于列表框的返回值是项目的顺序编号，因此，我们可以使用 INDEX 函数、OFFSET 函数等创建公式，把要在图表上显示的某个项目数据查找出来。

9.1.2 列表框的基本使用方法

案例9-1

图 9-3 所示是一个利用列表框分析指定客户的销售情况。在该图表的左侧有一个列表框，用于选择要查看的客户名称。只要在列表框中单击某个客户，就会自动绘制该客户各个季度的销售数据图表。

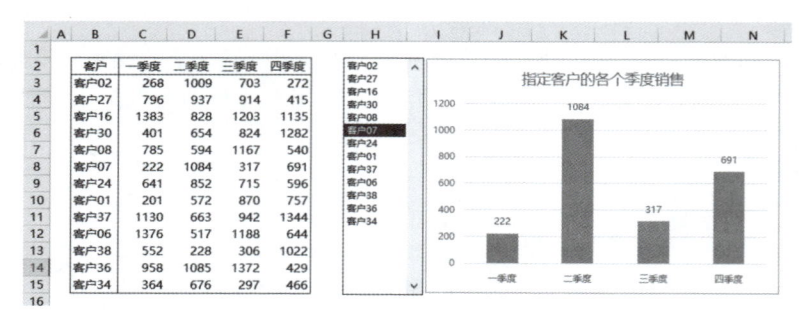

图9-3 利用列表框分析指定客户的销售情况

下面将介绍这个图表的具体制作方法和步骤。

步骤 1 插入一个列表框，设置其控制属性，如图 9-4 所示。
- "数据源区域"：$B$3:$B$15。
- "单元格链接"：$K$3。
- "选定类型"：保持默认的"单选"。

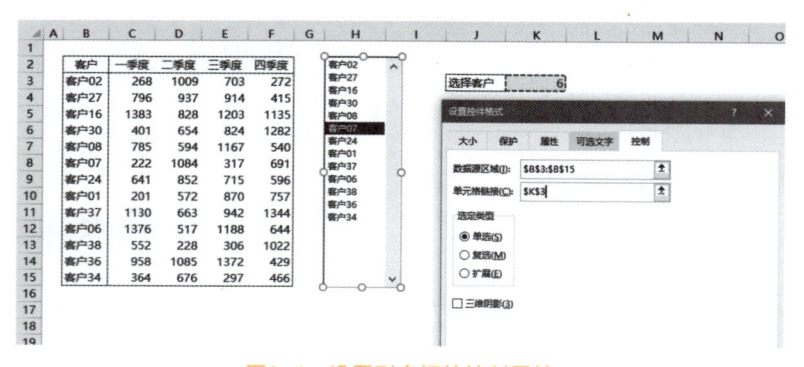

图9-4 设置列表框的控制属性

步骤 2 设计辅助绘图数据区域，如图 9-5 所示。在单元格区域 J7:M7 保存依据单元格 K3 数字查询出来的某个客户各个季度的数据。

在单元格 J7 中输入如下公式，往右复制就可得到其他季度的数据：
=INDEX(C3:C15,$K$3)

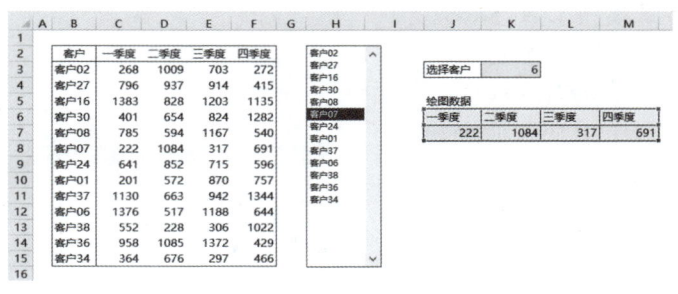

图9-5 设计辅助绘图数据区域

步骤③ 选择单元格区域J6:M7，绘制普通的柱形图，对图表进行必要的修饰和美化，再将图表移动到适当的位置，并将列表框移动到图表的左侧，就得到了需要的销售数据图表。

9.2 使用多个列表框控制图表

有些情况下，需要使用多个列表框来分析数据。这些列表框可以彼此独立，也可以彼此关联。这样的动态图表制作起来也是很简单的。

9.2.1 使用多个彼此独立的列表框控制图表

如果要分析的类别和项目有多个，且彼此之间又没有关联性，就可以使用多个列表框分别控制显示指定类别和指定项目。

案例9-2

图9-6所示是各个客户各个月的销售统计汇总表，现在要求制作能够查看某个客户、某个项目（收入、毛利和净利润）各个月的变化报告。

图9-6 各个客户各个月的销售统计汇总表

步骤① 新建一个工作表，重命名为"分析报告"。

步骤② 设计两个辅助列 X 列和 Y 列，分别保存项目名称和客户名称，为分别选择项目和客户的列表框准备数据源，如图9-7所示。

步骤③ 插入一个列表框，用于选择收入、毛利和净利润，并设置其控制属性，如图9-8所示。

- "数据源区域"：$X$3:$X$5。
- "单元格链接"：$X$2。
- "选定类型"：保持默认的"单选"。

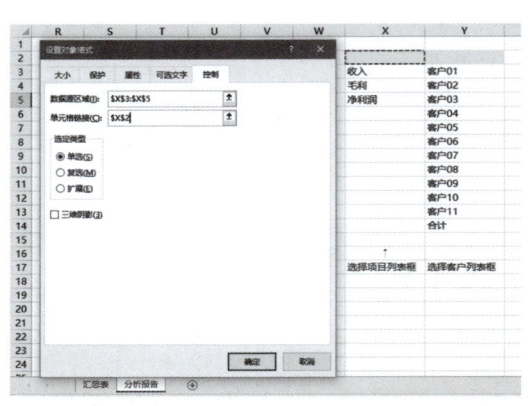

图9-7 两个组合框的数据源

图9-8 设置项目列表框的控制属性

步骤 4 再插入一个列表框，用于选择客户，并设置其控制属性，如图9-9所示。

- "数据源区域"：$Y$3:$Y$14。
- "单元格链接"：$Y$2。
- "选定类型"：保持默认的"单选"。

步骤 5 设计辅助绘图数据区域，根据单元格X2（选择的项目）和Y2（选择的客户），查询该客户、该项目、各个月的数据，如图9-10所示。

根据原始表格的结构特点，在单元格AB4中输入下面的公式，并往下复制，即可得到指定客户、指定项目、各个月的数据：

`=HLOOKUP(AA4,汇总表!$C:$N,$Y$2*3+$X$2-2,0)`

图9-9 设置客户列表框的控制属性

图9-10 设计辅助绘图数据区域

步骤 6 利用单元格区域AA3:AB15的数据绘制折线图，并进行基本的美化，如图9-11所示。

步骤 7 在单元格AA17中输入下面的公式，为建立动态的图表标题准备说明文字：

`=IF(Y2<>12,INDEX(Y3:Y14,Y2)," 全部客户 ")`
`&" "&INDEX(X3:X5,X2)&" 各月统计 "`

将默认的图表标题与单元格 AA17 建立链接，可得到如图 9-12 所示的具有动态标题的图表。

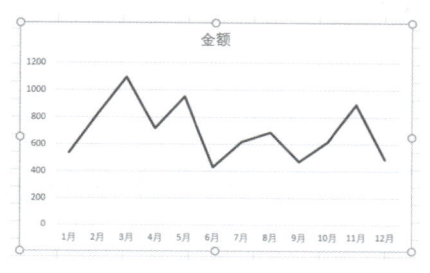

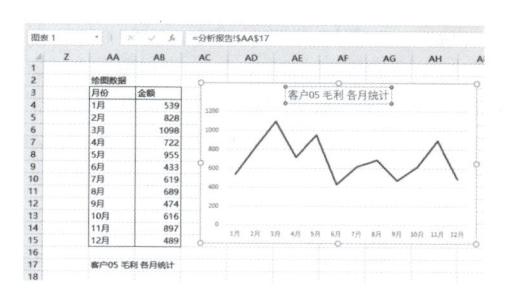

图9-11 利用辅助绘图数据区域绘制折线图

图9-12 创建动态的图表标题

步骤 8 将图表和两个列表框移动到适当的位置，就可得到需要的分析图表，如图 9-13 所示。

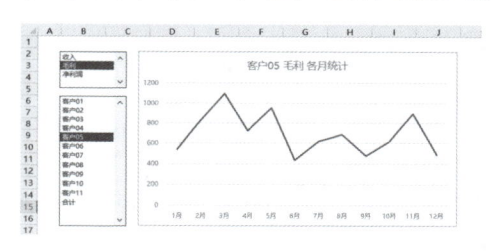

图9-13 分析指定客户、指定项目各个月的情况

9.2.2 使用多个彼此关联的列表框控制图表

使用彼此关联的列表框控制图表，其核心技术是定义动态名称，从而使多个列表框联动起来，数据分析更加精准。

案例9-3

图 9-14 所示是各个客户的产品销售汇总表，每个客户下的产品是不同的。现在要求制作一个动态分析指定客户、指定产品的各月销售分析图表。

由于每个客户下产品结构不同，为了能够精准地选择某个客户下的某个产品，需要建立二级联动列表框，即在第 1 个列表框里选择了某个客户，那么在第 2 个列表框里只能选择该客户下的产品。

图9-14 各个客户的产品销售汇总表

113

制作此图表的详细步骤如下。

步骤 1 新建一个工作表，重命名为"分析报告"。

步骤 2 在 Q 列设计客户名称列表，为选择客户的列表框准备数据源，指定单元格 Q2 保存已选择客户的顺序号（即列表框的链接单元格），单元格 Q9 为选中的客户名称，在单元格 Q9 中输入公式"=INDEX(Q3:Q7,Q2)"，如图 9-15 所示。

步骤 3 插入一个列表框，并设置其控制属性，如图 9-16 所示。

图9-15 选择客户列表框的数据源及链接单元格　　图9-16 设置列表框的控制属性

步骤 4 根据源数据表格的结构，以及列表框所选择的客户，做进一步的计算，确定选择的客户及该客户的合计数在源数据工作表的第几行，进而计算出该客户下有几种产品，如图 9-17 所示。单元格公式如下：

单元格 Q11： =MATCH(Q9,汇总表!A:A,0)
单元格 Q12： =MATCH(" 合计 ",INDIRECT(" 汇总表!B"&Q11&":B100"),0)+Q11-1
单元格 Q13： =Q12-Q11

步骤 5 定义一个动态名称"客户产品列表"，引用位置如下：

=OFFSET(汇总表!$B$1,$Q$11-1,,$Q$13,1)

步骤 6 插入一个列表框，并设置其控制属性，如图 9-18 所示。

- "数据源区域"：客户产品列表。
- "单元格链接"：$T$2。
- "选定类型"：保持默认的"单选"。

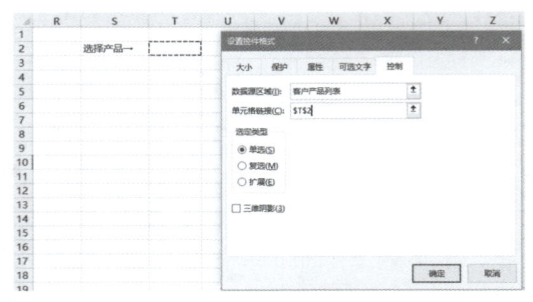

图9-17 进一步计算选中客户的位置和产品数目　　图9-18 设置某个客户下的某种产品的列表框控制属性

步骤 7 设计辅助绘图数据区域，如图 9-19 所示。在单元格 W4 中输入的的公式如

下,并往下复制即可得到各个月份的数据:
=HLOOKUP(V4,汇总表!C:N,$Q$11+$T$2-1,0)

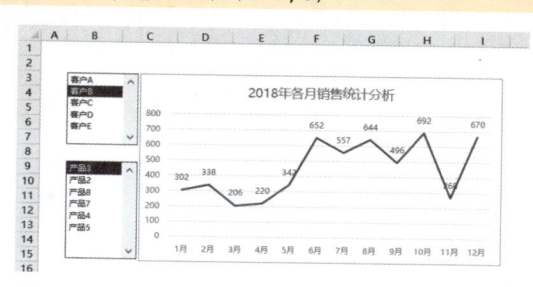

图9-19 分析指定客户下指定产品的各月销售情况

步骤 8 利用辅助区域 V3:W15 的数据绘制折线图,并进行美化。

步骤 9 将图表和两个列表框移动到合适的位置并排列,就可以得到如图 9-20 所示的动态分析报告。

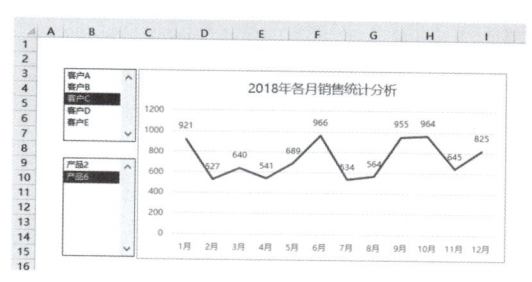

图9-20 客户变了,产品变了,图表也变了

9.3 组合框和列表框联合使用

组合框与组合框一起使用,列表框与列表框一起使用,或者组合框与列表框一起使用,都可以使数据分析更灵活、更精准。至于使用哪种组合,除了考虑操作是否方便外,也要考虑分析报告是否美观。

案例9-4

例如,对于案例 9-2 的分析报告,可以将选择项目的列表框换为组合框,结果如图 9-21 所示。

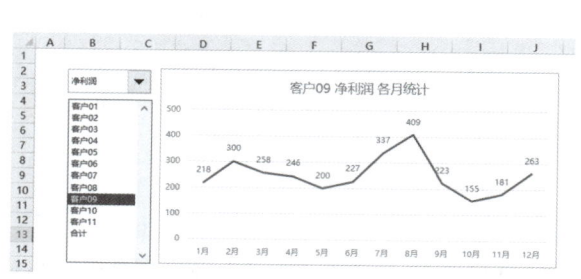

图9-21 组合框与列表框联合使用

第 10 章
选项按钮控制的动态图表

选项按钮又称单选按钮，用于选中一组选项中的一个，并且只能选定一个。

选项按钮更多应用于对数目不多的不同类别数据进行分析，因为此时如果使用组合框，选择起来不方便；而使用列表框，报告布局又比较难看。因此，使用选项按钮是最佳选择。

10.1 认识选项按钮

10.1.1 别忘了修改标题文字

插入选项按钮时，会有默认的标题，如图 10-1 所示。为了更加清楚地表示每个选项按钮的功能，需要将默认的标题修改为明确的文字，如图 10-2 所示。

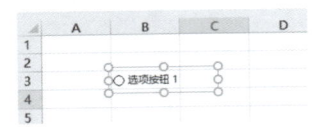

图10-1　选项按钮的默认标题

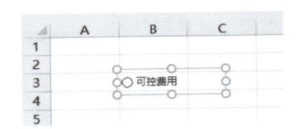

图10-2　修改选项按钮的标题文字

10.1.2 使用分组框实现多选

由于选项按钮每次只能选择一个，因此无论在当前工作表上插入多少个选项按钮，这些选项按钮都是一组的，每次只能选择一个。

如果要同时选择多个选项按钮，则需要使用分组框将它们进行分组，如图 10-3 所示。需要注意的是，使用分组框时，每个选项按钮必须完整地位于分组框的边界线之内，不能出界。

图10-3　使用分组框对选项按钮进行分组，可同时选中多个选项按钮

10.1.3 选项按钮的控制属性

选项按钮的主要控制属性如图 10-4 所示，分别介绍如下。

◎ "未选择" / "已选择"：确定选项按钮的状态，即选项按钮处于未选中状态还是选中状态。

◎ "单元格链接":保存在选项按钮组中选定的选项按钮的编号的单元格(第 1 个插入的选项按钮的编号为 1,第 2 个插入的选项按钮的编号为 2,以此类推)。

图10-4 选项按钮的控制属性

当插入多个选项按钮时,这些选项按钮就为一组,除非使用分组框将它们进行分组。在设置它们的控制属性时,只需设置其中的一个即可。

由于选项按钮的返回值是依次插入的顺序号,因此可以使用 IF 函数、CHOOSE 函数、INDEX 函数、OFFSET 函数来创建公式,把需要绘图的某个项目数据查找出来。

10.1.4 选项按钮的基本使用方法

案例10-1

图 10-5 所示是各个分公司国内、国外的服务收入、销售收入和总收入汇总表,现在要求制作一个动态分析图表,可以任意查看各个分公司的服务收入、销售收入和总收入对比情况,效果如图 10-6 所示。

图10-5 各个分公司收入汇总表

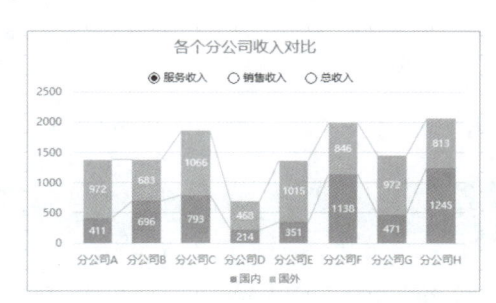

图10-6 各个分公司的服务收入对比

下面是这个图表的制作过程。

步骤 1 插入 3 个选项按钮,将其标题文字分别修改为"服务收入"、"销售收入"和"总收入"。

步骤 2 右击任一选项按钮,打开"设置控件格式"对话框,设置选项按钮的控制属性,如图 10-7 所示。其中,"单元格链接"设置为 $K$4。

步骤 3 设计辅助绘图数据区域,如图 10-8 所示。在单元格 N5 中输入如下公式,并往右、往下复制，即可得到各个分公司国内、国外的收入数据：

=CHOOSE($K$4,C4,E4,G4)

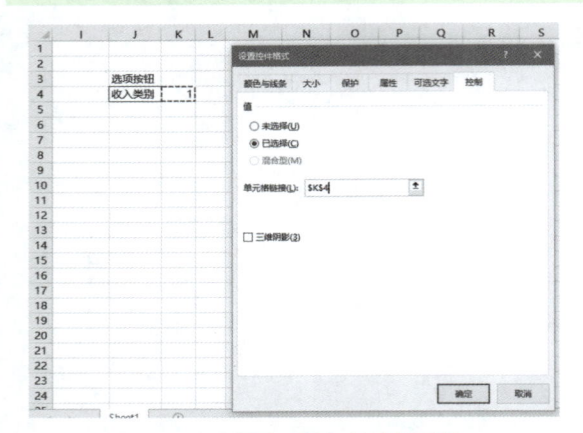

图10-7　设置选项按钮的控制属性　　　　图10-8　设计辅助绘图数据区域

步骤 ④ 利用单元格区域 M4:O12 的数据绘制堆积柱形图（为什么要绘制堆积柱形图？请思考），并美化图表。

步骤 ⑤ 将图表和选项按钮移动到合适的位置，并组合起来。

这样，直接在图表上单击某个收入类别，图表就变为该收入的分析结果，如图 10-9 所示。

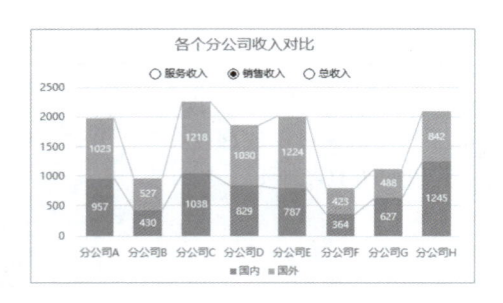

图10-9　各个分公司指定收入类别的对比分析

10.2 使用彼此独立的几组选项按钮控制图表

前面说过，要想使选项按钮实现多选，需要使用分组框将它们进行分组，这样可以得到更加灵活而又清晰的分析图表。

案例10-2

图 10-10 所示的表格列出了三大产品各个月的销量和销售额，现在要求制作动态图表，能够方便地查看指定产品销量或者销售额的各个月数据，效果如图 10-11 所示。

图10-10　三大产品的销售统计

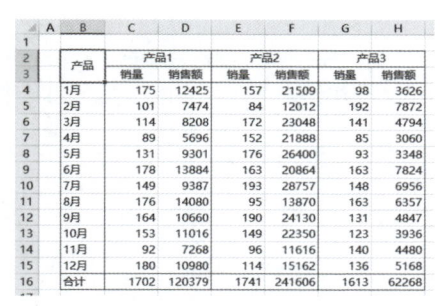

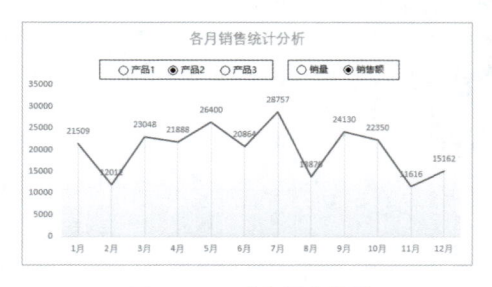

图10-11　动态图表效果

这个动态图表的制作并不复杂，主要步骤如下。

步骤 1　插入 3 个选项按钮，将其标题文字分别修改为"产品 1""产品 2""产品 3"，然后使用分组框将它们组合起来。

步骤 2　对准这 3 个选项按钮中的其中一个，右击并执行快捷菜单中的"设置控件格式"命令，打开"设置控件格式"对话框，设置选项按钮的控制属性。其中，"单元格链接"为 $V$3。

步骤 3　再插入两个选项按钮，将其标题文字分别修改为"销量""销售额"，然后使用分组框将它们组合起来，设置任一个选项按钮的控制属性，其中，"单元格链接"为 $V$4。

步骤 4　设计辅助绘图数据区域，如图 10-12 所示。在单元格 Y4 中输入如下公式，并往下复制，即可得到各月指定产品的销量或者销售额数据：

=INDEX(C4:H4,,($V$3-1)*2+$V$4)

这个公式充分利用了表格结构特点和选项按钮的返回值，通过计算得出指定产品销量或者销售额的列位置。

图10-12　设置选项按钮的链接单元格，并设计辅助绘图数据区域

步骤 5　利用单元格区域 X3:Y15 的数据绘制折线图，并进行美化。

步骤 6　将图表和选项按钮移动至合适的位置，得到最终的分析报告。

10.3　可以任选降序或升序的排名分析模板

本书在第 6 章介绍了如何对数据进行排序，以及利用数据验证来选择降序或升序排序，操作起来很不方便。下面，我们按照要求使用选项按钮来实现自动降序排序或升序排序的效果。

案例10-3

图10-13 和图10-14 所示就是一个使用选项按钮来实现任意降序排序和升序排序的图表。

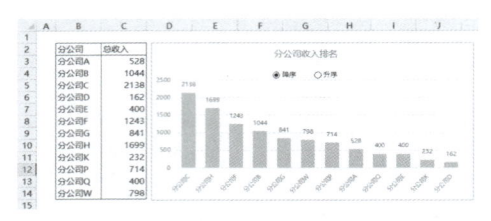

图10-13　使用选项按钮，实现任意降序排序

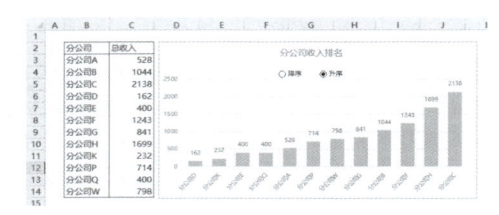

图10-14　使用选项按钮，实现任意升序排序

下面是这个图表的制作过程。

步骤 1 考虑到会有相同的数据，因此使用随机数将原始数据进行异化处理，如图10-15 所示。在单元格 E3 中输入如下公式，并往下复制：

=C3+RAND()/1000000

步骤 2 插入两个选项按钮，分别将其标题修改为"降序"和"升序"，设置其"单元格链接"为 $G$1。

步骤 3 做辅助列，在单元格 J3 中输入如下的排序公式，并往下复制：

=IF($G$3=1,LARGE($E$3:$E$14,ROW(A1)),SMALL($E$3:$E$14,ROW(A1)))

步骤 4 做辅助列，提取排序后的分公司名称，在单元格 I3 中输入如下公式，并往下复制：

=INDEX($B$3:$B$14,MATCH(J3,$E$3:$E$14,0))

效果如图10-16 所示。

图10-15　处理原始数据

图10-16　排序数据并匹配名称

步骤 5 利用单元格区域 I2:J14 的数据绘制柱形图，得到排序后的图表，再进行美化。

步骤 6 将图表和两个选项按钮进行布局，就得到了需要的排名分析图表。

10.4 选项按钮与组合框或列表框联合使用

案例 10-3 还是比较简单的，因为用于排序的数据仅有一列。但在实际数据分析中，要排序的数据可能会有 N 列。此时，可以联合使用选项按钮与组合框或列表框，实现任选项目、任选排序方式的数据排名。

案例10-4

图 10-17 所示是各个分公司的业绩汇总表，现在要求制作一个能够任选销量、销售额、毛利、净利润，进行降序或升序排名的动态图表。

图10-17 各个分公司业绩汇总表

步骤 1 插入一个组合框，用于选择要排序的项目，其控制属性的设置如图 10-18 所示。

- "数据源区域"：$H$3:$H$6（已经提前将要排序的数据保存到了这个区域）。
- "单元格链接"：$H$2。
- "下拉显示项数"：8。

步骤 2 根据组合框链接单元格的项目序号，从原始数据中查找选定项目的数据，并进行异化处理，如图 10-19 所示。单元格 J3 公式如下：

=INDEX(C3:F3,,$H$2)+RAND()/10000

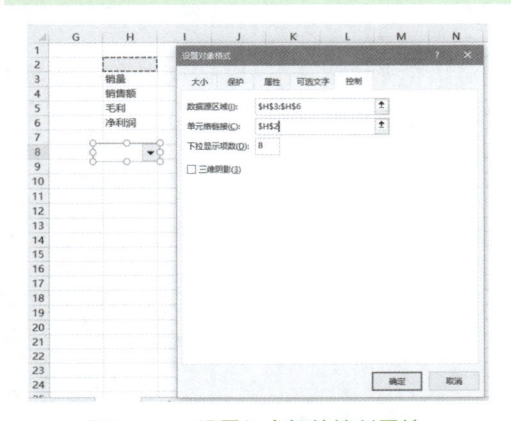

图10-18 设置组合框的控制属性   图10-19 查找选定项目的数据并进行异化处理

步骤 3 插入两个选项按钮，分别将其标题修改为"降序"和"升序"，设置其"单元格链接"为单元格 L3。

为了使图表布局美观，再使用分组框将这两个选项按钮组合起来。

步骤 4 根据查找出来的数据和选项按钮指定的排序方式，对数据进行排序和匹配名称，如图 10-20 所示。排序及匹配名称的公式分别如下：

单元格 O3： =IF($L$3=1,
　　　　　　LARGE($J$3:$J$14,ROW(A1)),
　　　　　　SMALL($J$3:$J$14,ROW(A1))
　　　　　)
单元格 N3： =INDEX($B$3:$B$14,MATCH(O3,$J$3:$J$14,0))

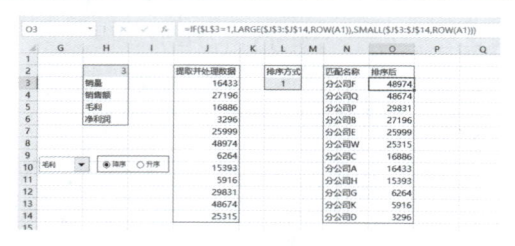

图10-20　对数据进行排序，并匹配名称

步骤 5 利用单元格区域 N2:O14 的数据绘制柱形图，并进行美化。

步骤 6 对图表和组合框及选项按钮进行降序布局整理，使整个报告更美观，如图 10-21 所示。

图10-21　制作完成的任选排序项目、任意指定排序方式的动态图表

> **进一步思考：**
>
> 在图 10-21 这个排名分析图表中，可不可以把在平均值以下的分公司的柱形自动变为红色，把在平均值以上的分公司的柱形自动变为绿色呢？
>
> 答案是：可以的。不过要继续对数据进行处理。

步骤 1 设计数据处理区域 Q 列、R 列和 S 列，如图 10-22 所示。各个单元格公式如下：

单元格 Q3： =AVERAGE($O$3:$O$14)
单元格 R3： =IF(O3>=Q3,O3,"")
单元格 S3： =IF(O3<Q3,O3,"")

步骤 2 利用单元格区域 N2:N14 和 Q2:S14 的数据绘制柱形图，如图 10-23 所示。

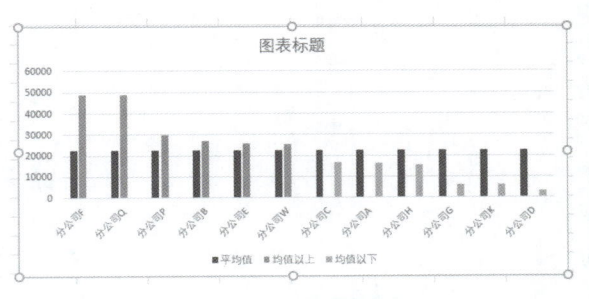

图10-22 对数据进行处理，分离出均值以上和均值以下

图10-23 绘制的基本图表

步骤 3 选择系列"平均值"，将其设置为无填充颜色和无边框颜色，但要为其添加一条线性趋势线，并将趋势线的"趋势预测"前推 0.5 个周期、后推 0.5 个周期（如图 10-24 所示），这样做的目的是让这条趋势线拉伸到左右坐标轴的边界。

步骤 4 选择系列"均值以上"或"均值以下"，将"系列重叠"设置为 100%，将"分类间距"设置为 60%（一般以 50%~100% 为宜），如图 10-25 所示。

图10-24 设置"平均值"的趋势线格式　　图10-25 设置数据系列的重叠比例和分类间距比例

这样，初步设置后的图表就如图 10-26 所示。

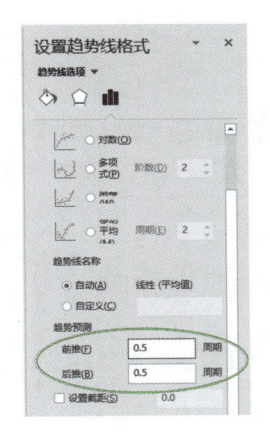

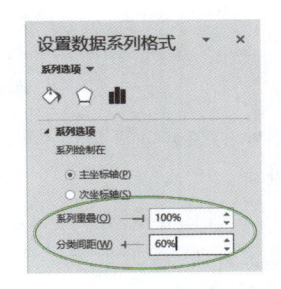

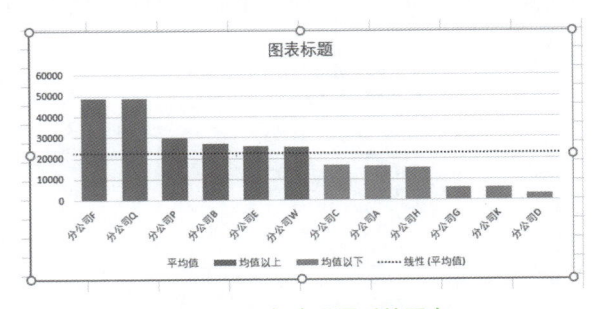

图10-26 初步设置后的图表

步骤 5 将系列"均值以上"柱形的填充颜色设置为绿色，将系列"均值以下"柱形的填充颜色设置为红色，得到如图 10-27 所示的图表。

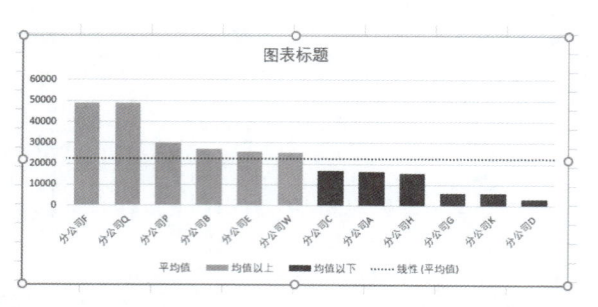

图10-27　分别设置"均值以上"和"均值以下"的柱形颜色

步骤 6　删除网格线，删除图例。
步骤 7　设置两个坐标轴的线条。
步骤 8　设置图表标题。
步骤 9　为两个数据系列添加数据标签，如图10-28所示。

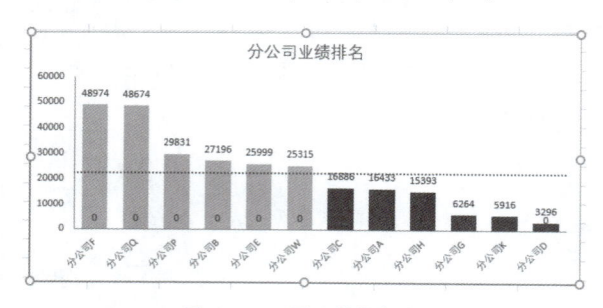

图10-28　显示数据标签

目前，显示的数据标签是很乱的，主要是处理的空单元格显示为0，这时需要对数据标签做进一步处理。

步骤 10　分别选择系列"均值以上"数据标签和"均值以下"数据标签，对其"数字"选项进行设置，如图10-29所示。

- 在"类别"列表框中选择"自定义"。
- 在"格式代码"文本框中输入"0;;;"，并单击"添加"按钮。

这样就把数据标签的数字显示为没有小数点的整数，并隐藏了数字0。

图10-29　设置数据标签的数字格式，隐藏数字0

步骤 11 将系列"均值以下"的数据标签的字体颜色设置为红色。

步骤 12 布局图表和组合框及选项按钮，就得到了如图 10-30 所示的信息清晰的排名分析模板。

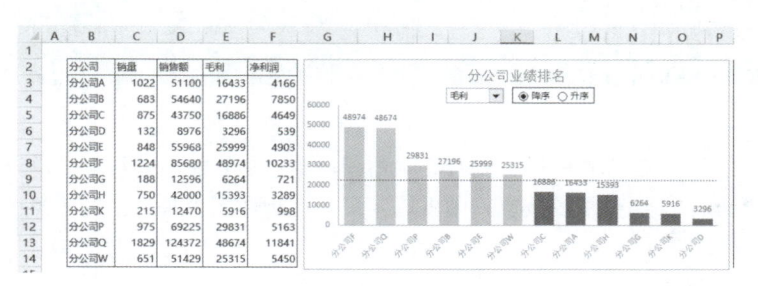

图10-30　醒目显示"均值以上"和"均值以下"的排名分析模板

步骤 13 为了使整个报告干净美观，建议把所有的辅助数据区域移动到离工作表右侧较远的位置。

第 11 章 复选框控制的动态图表

选项按钮每次只能选择一个，并且必须选择一个。尽管使用分组框可以选择多个选项按钮，但毕竟麻烦，而使用复选框，则可以实现一次选择多个甚至不选。复选框的使用效果如图 11-1 所示。

图 11-1 复选框

11.1 认识复选框

11.1.1 别忘了修改标题文字

插入复选框时，会有默认的标题，如图 11-2 所示。为了更加清楚地表示每个复选框的功能，也需要将默认的标题修改为明确的文字，如图 11-3 所示。

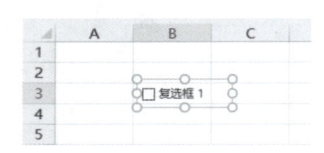

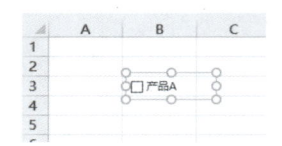

图 11-2 复选框的默认标题　　图 11-3 修改复选框的标题文字

11.1.2 复选框的控制属性

复选框的主要控制属性如下。

◎ "未选择" / "已选择"：确定复选框的状态，即复选框是处于未被选中状态，还是处于选中状态。

◎ "单元格链接"：复选框状态值保存的单元格。

如果选中复选框，链接单元格的值为 TRUE；如果清除复选框，则链接单元格的值为 FALSE。

由于复选框的返回值是 TRUE 或者 FALSE，每个复选框的返回值必须保存到不同的单元格，因此在图表上插入多个复选框时，就需要分别对每个复选框进行控制属性设置，如图 11-4 所示。

图 11-4 复选框的控制属性

11.1.3 复选框制作动态图表的基本原理

使用复选框控制图表的显示，其基本原理就是：根据复选框的返回值 TRUE 或者 FALSE 进行判断，如果选中某个复选框，其返回值是 TRUE，就在辅助绘图数据区域内输入该项目的数据，或者定义的名称引用是该项目的具体数据，那么图表上则显示该项目的数据；如果没有选中某个复选框，就在辅助绘图数据区域内输入空值或者错误值 #N/A，这样就不在图表上显示该项目的数据，因为在默认情况下，柱形图表不绘制空值，折线图不绘制错误值 #N/A，这样就得到了需要的动态图表。

总之，我们可以使用 IF 函数，根据复选框的返回值 TRUE 或 FALSE 进行判断，确定在图表上显示或不显示某个项目的数据。

11.2 复选框实际应用案例

了解了复选框的应用原理及控制属性的设置方法后，下面将介绍两个复选框控制图表的实际应用案例。

11.2.1 应用案例一：三年资产价格同比分析

案例11-1

图 11-5 所示是 2015 年、2016 年和 2017 年 3 年资产的周价格数据，要求使用复选框来制作可以查看任一年份数据或者 3 年数据一起查看的动态图表。

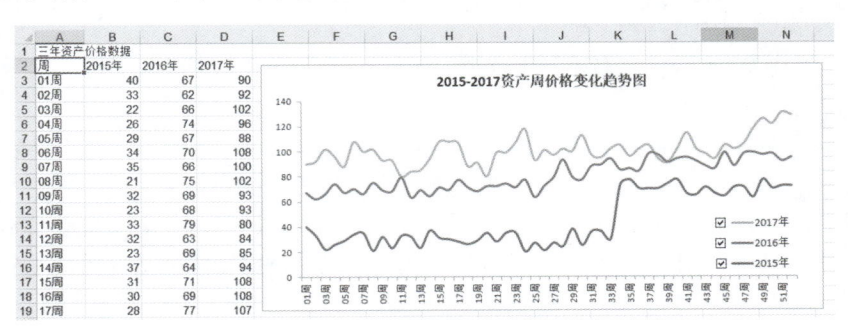

图11-5　2015—2017年资产价格同比分析

此图表制作步骤如下。

步骤① 确定使用 3 个复选框来分别控制显示 2015 年、2016 年和 2017 年的数据。

步骤② 单元格 Q1、R1、S1 为这 3 个复选框的单元格链接，保存其返回值。

步骤③ 单元格区域 P2:S54 为辅助绘图数据区域。

步骤④ 在单元格 Q3 中输入下面的公式，并向右、向下复制，得到绘图数据：

=IF(Q$1=TRUE,B3,NA())

这个公式的含义是：如果单元格 Q1 的数据为 TRUE，那么就从原始数据中取出数据准备画图，否则，可在单元格 Q3 中输入错误值 #N/A（函数 NA 的结果就是错误值 #N/A），如图 11-6 所示。

步骤 5 利用单元格区域 P2:S54 的数据绘制平滑型的折线图，并进行美化。

要特别注意，需要在"选择数据源"对话框中调整各个系列的次序，确保图表上图例的上下次序与系列的上下次序一致。

步骤 6 将图例移动到图表的合适位置，调整其大小。

步骤 7 在图例的左侧插入 3 个复选框，将默认的标题删除，然后将这 3 个复选框分别对准图例的 3 个项目，再设置它们的控制属性，分别链接到单元格 Q1、R1、S1。

图 11-7 所示是复选框"2015 年"的"单元格链接"设置。

图11-6 设计辅助绘图数据区域　　图11-7 设置复选框的"单元格链接"

这样，图表就制作完毕了。

11.2.2　应用案例二：成本趋势分析

案例11-2

图 11-8 所示是对产品的成本项目进行趋势分析的例子，由于总成本与其他成本项目的数量级较大，把这 4 个项目同时显示在一个图上，可能会看不清楚某个项目在哪个月份有显著异常的变化。因此，使用复选框来控制这 4 个项目的显示。

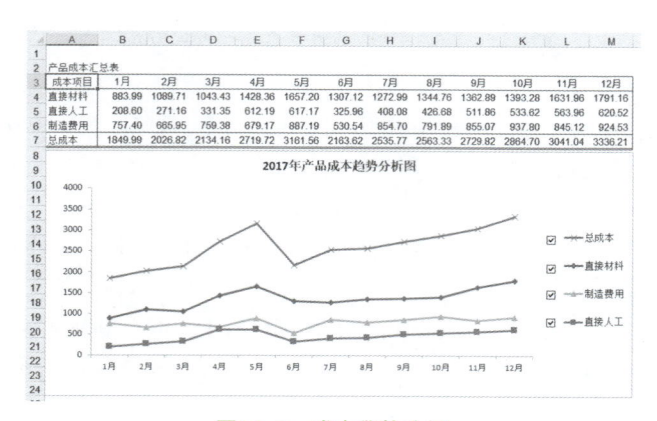

图11-8 成本趋势分析

此图表制作步骤如下。

步骤 1 确定使用 4 个复选框来分别控制显示直接材料、直接人工、制造费用、总成本的数据。

步骤 2 在单元格 A41、A42、A43、A44 中分别保存这 4 个复选框的返回值。

步骤 3 单元格区域 B40:N44 为辅助绘图数据区域。

步骤 4 在单元格 C41 中输入下面的公式，并向右、向下复制，得到绘图数据，如图 11-9 所示。

```
=IF($A41=TRUE,B4,NA())
```

	A	B	C	D	E	F	G	H	I	J	K	L	M	N
39														
40		成本项目	1月	2月	3月	4月	5月	6月	7月	8月	9月	10月	11月	12月
41	TRUE	直接材料	883.99	1089.71	1043.43	1428.36	1657.2	1307.12	1272.99	1344.76	1362.89	1393.28	1631.96	1791.16
42	TRUE	直接人工	208.6	271.16	331.35	612.19	617.17	325.96	408.08	426.68	511.86	533.62	563.96	620.52
43	TRUE	制造费用	757.4	665.95	759.38	679.17	887.19	530.54	854.7	791.89	855.07	937.8	845.12	924.53
44	TRUE	总成本	1849.99	2026.82	2134.16	2719.72	3161.56	2163.62	2535.77	2563.33	2729.82	2864.7	3041.04	3336.21
45														

图11-9 辅助绘图数据区域

步骤 5 利用单元格区域 B40:N44 的数据绘制平滑型的折线图，并进行美化。要特别注意，在"选择数据源"对话框中调整各个系列的次序，确保图表上图例的上下次序与系列的上下次序一致。

步骤 6 将图例移动到图表的合适位置，调整其大小。

步骤 7 在图例的左侧插入 4 个复选框，将默认的标题删除，然后将这 4 个复选框分别对应其图例的 4 个项目，再设置它们的控制属性，分别链接到单元格 A41、A42、A43、A44。

这样，图表就制作完毕了。

11.3 复选框与选项按钮、组合框、列表框的联合使用

复选框也可以跟其他控件（如选项按钮、组合框、列表框）联合使用，从而制作出更加灵活的动态分析图表。

案例11-3

图 11-10 所示是各种产品在国内外的销售额和毛利统计数据，要求以此数据制作动态圆环图表，实现任意查看指定市场的销售额和毛利，如图 11-11 所示。

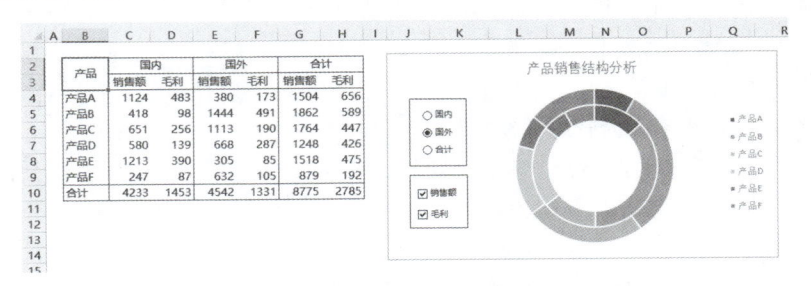

图11-10 联合使用选项按钮和复选框制作动态圆环图

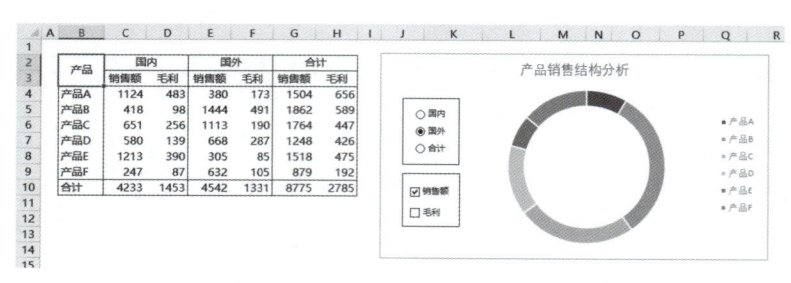

图11-11　联合使用选项按钮和复选按钮查看国外市场的销售额

这个图表的制作步骤如下。

步骤1　插入3个选项按钮，分别把标题修改为"国内""国外""合计"，并设置"单元格链接"为 $M$3，如图11-12所示。

步骤2　插入两个复选框，分别把标题修改为"销售额"和"毛利"，然后分别设置其"单元格链接"为 $M$4 和 $M$5。图11-13所示是复选框"销售额"的单元格链接设置。

图11-12　设置3个选项按钮的控制属性 　　图11-13　设置复选框"销售额"的控制属性

步骤3　设计辅助绘图数据区域，如图11-14所示，根据选项按钮和复选框的返回值查找数据。单元格公式如下：

单元格 P4：=IF($M$4,INDEX(C4:H4,2*$M$3-1),"")
单元格 Q4：=IF($M$5,INDEX(C4:H4,2*$M$3),"")

这个公式中，巧妙使用了数据表的结构和逻辑关系，以及选项按钮的返回值，通过数学计算，得到取数的列位置。

步骤4　利用单元格区域 O3:Q9 的数据绘制圆环图，注意要把销售额绘制为外圈圆环，把毛利绘制为内圈圆环。

步骤5　美化图表，并将图表和控件组合布局，就得到了需要的动态图表。

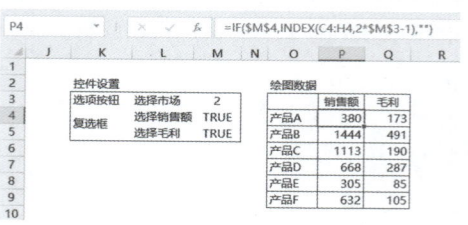

图11-14　设计辅助绘图数据区域

第 12 章
数值调节钮控制的动态图表

数值调节钮用于增大或减小数值。若要增大数值，单击"向上箭头"按钮；若要减小数值，单击"向下箭头"按钮，如图 12-1 所示。

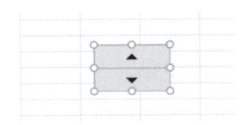

图 12-1 数值调节钮

数值调节钮在某些动态图表中是必不可少的控件。例如，绘制前 N 大客户、绘制最新的 N 个数等。

12.1 认识数值调节钮

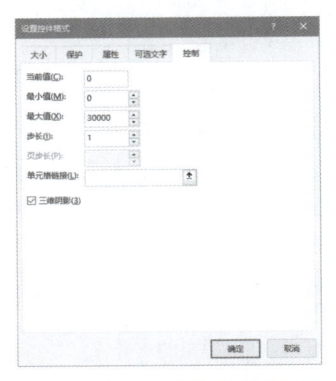

12.1.1 数值调节钮的控制属性

数值调节钮的控制属性如图 12-2 所示，分别介绍如下。

- 当前值：数值调节钮在其允许值范围内的相对位置。
- 最小值：数值调节钮可取的最低值。最小值不能小于 0，但可以设置为大于 0 小于 30000 的任意数字。
- 最大值：数值调节钮可取的最高值。最大值只能 0~30000 的任意数字，不能小于设置的最小值，也不能大于 30000。
- 步长：单击数值调节钮的箭头时，数值增大或减小的量。默认步长为 1。可以根据需要，将步长设置为一个合适的数字。
- 单元格链接：返回数值调节钮的当前位置数字，并保存在该单元格。

图 12-2 数值调节钮的控制属性

12.1.2 数值调节钮的基本使用方法

在使用数值调节钮制作动态图表时，一般多用于通过数值调节钮来控制图表显示的数据个数方面。要得到这个效果就需要使用 OFFSET 函数来定义动态名称。

案例12-1

图 12-3 所示是一个使用数值调节钮控制图表显示的例子，单击数值调节钮的向上或向下箭头，就会自动调节图表上的显示月份数，如图 12-4 所示。

图12-3　数值调节钮控制图表显示

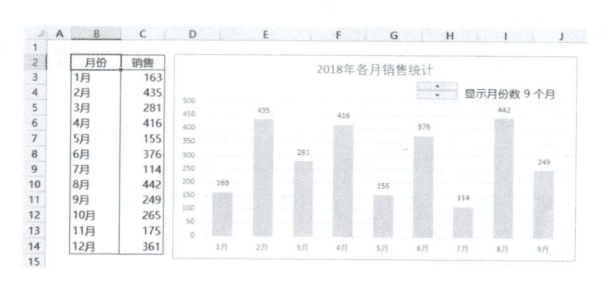

图12-4　数值调节钮控制图表显示

下面是这个图表的制作过程。

步骤 1 插入一个数值调节钮，设置其控制属性，如图 12-5 所示。

- "最小值"：1。
- "最大值"：12。
- "步长"：1。
- "单元格链接"：$F$3。

步骤 2 定义以下两个动态名称：

月份：=OFFSET(Sheet1!$B$3,,,Sheet1!$F$3,1)
销售：=OFFSET(Sheet1!$C$3,,,Sheet1!$F$3,1)

这两个名称分别代表两个变动的数据区域，数据区域的起点是第 3 行单元格，终点是由数值调节钮返回值确定的。

步骤 3 用这两个动态名称绘制柱形图，并进行格式化。

步骤 4 为了能够在图表上显示目前所选择的月份，在单元格 F4 中输入下面的公式，构建一个说明文本字符串，如图 12-6 所示：

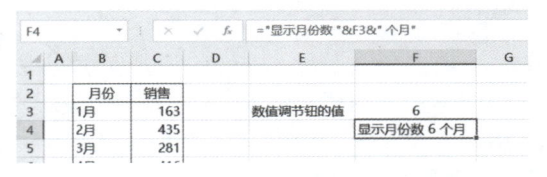

图12-5 设置数值调节钮的控制属性　　　　图12-6 构建公式，准备显示说明文字

="显示月份数 "&F3&" 个月"

步骤 5 插入一个标签，然后单击编辑栏，输入公式"=$F$4"，如图12-7所示，按Enter键，就在标签上显示了单元格F4中的文字，如图12-8所示。

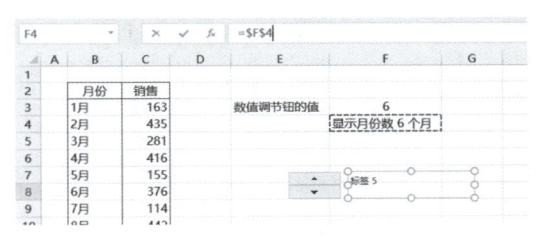

图12-7 插入标签，输入连接公式

图12-8 标签显示单元格中的数据

步骤 6 组合标签和数值调节钮，并与图表进行排列布局，就能得到需要的动态图表。

12.2 数值调节钮实际应用案例

了解了数值调节钮的原理和用法后，下面介绍几个数值调节钮的实际应用案例。

12.2.1 应用案例一：动态显示最新的几个数据

◎ 案例12-2

图12-9所示是一个只显示最新的指定个数数据的图表。通过图表上的数值调

节钮，可在图表上显示指定个数数据，并且这些数据仅仅是最新的几个数据。

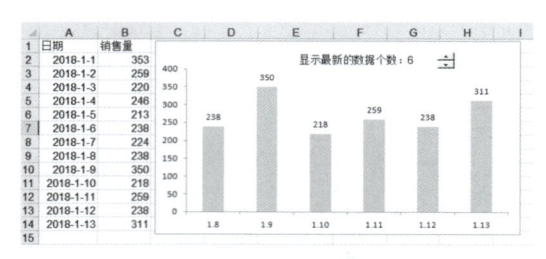

图12-9 显示指定个数的最新数据

这个图表是利用数值调节钮来控制显示最新数据的个数，但是需要确定绘图的数据区域是最后几个单元格，因此需要使用OFFSET函数定义动态名称，如图12-10所示。这里，单元格F2是数值调节钮的单元格链接。

（1）名称"日期"。

引用位置：=OFFSET(日报表!$A$2,COUNTA(日报表!$A:$A)-日报表!$F$2-1,,日报表!$F$2,1)

（2）名称"销售量"。

引用位置：=OFFSET(日报表!$B$2,COUNTA(日报表!$A:$A)-日报表!$F$2-1,,日报表!$F$2,1)

定义好名称后，利用名称绘制图表，然后在图表上插入数值调节钮，设置其控制属性，其最小值为1，最大值为365，单元格链接为$F$2。

最后，在图表数值调节钮的左侧插入一个标签，将其与单元格F4链接起来。其中，单元格F4的公式如下：

=" 显示最新的数据个数： "&F2

图12-10 辅助单元格

12.2.2 应用案例二：动态显示指定日期之前或之后的几个数据

案例12-3

图12-11、图12-12所示的是联合使用组合框和数值调节钮，来显示指定日期之前或之后几天数据的动态图表，这种图表可以更加灵活地分析数据。

但制作这种图表的难点是要通过组合框和数值调节钮的返回值，确定绘图区域。制作此图表的步骤如下。

步骤 1 设计辅助绘图数据区域，如图12-13所示。各个单元格的功能及公式说明如下。

- 单元格 F2：保存组合框的返回值，即指定日期的位置。
- 单元格 F3：保存数值调节钮的返回值。

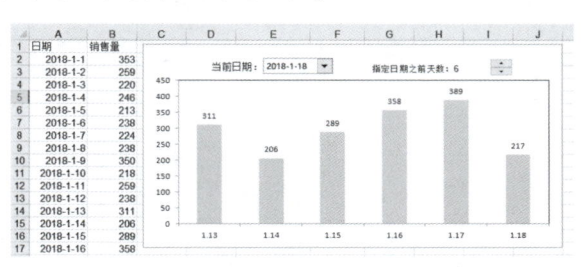

图12-11　显示指定日期之前几天的数据

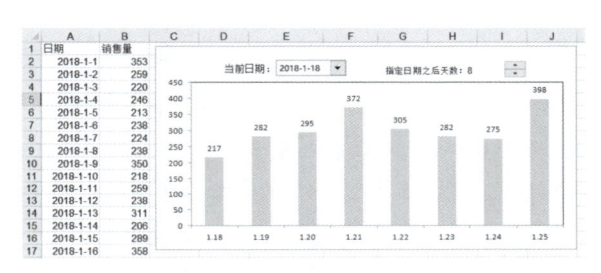

图12-12　显示指定日期之后几天的数据

- 单元格 F4：根据数值调节钮的返回值计算指定日期之前或者之后的天数，公式为：
=F3-10
- 单元格 F7：准备在图表上显示动态说明文字，公式为：
=IF(F4<0,"指定日期之前天数：","指定日期之后天数：")&ABS(F4)

图12-13　设计辅助绘图数据区域

步骤 2 使用 OFFSET 函数定义下面的 3 个动态名称。

（1）名称"组合框项目"，引用位置如下：
=OFFSET(日报表!$A$2,,,COUNTA(日报表!$A:$A)-1,1)

（2）名称"日期"，引用位置如下：
=OFFSET(日报表!$A$2,日报表!$F$2-1,,日报表!$F$4,1)

（3）名称"销售量"，引用位置如下：
=OFFSET(日报表!$B$2,日报表!$F$2-1,,日报表!$F$4,1)

步骤 3 定义好名称后，利用名称绘制图表，并格式化图表。

步骤 4 在图表上插入组合框和数值调节钮，并分别设置其控制属性。

（1）设置组合框的"数据源区域"为"组合框项目"，"单元格链接"为 $F$2，"下拉显示项数"为 15，如图 12-14 所示。

（2）设置数值调节钮的"当前值"为19，"最小值"为1，"最大值"为30，"步长"为1，"单元格链接"为F3，如图12-15所示。

图12-14 设置组合框的控制属性 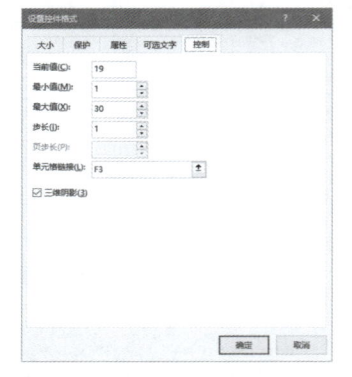　　图12-15 设置数值调节钮的控制属性

步骤 5 在图表上插入一个文本框，输入文字"当前日期"，用于标识组合框的选择。
步骤 6 插入一个标签，建立与单元格F7的链接，显示数值调节钮的调节状态。
步骤 7 布局图表和组合框、数值调节钮等控件，就完成了动态图表的制作。

12.2.3　应用案例三：查看前 N 个或者后 N 个客户的排名分析图表

如果客户非常多，当进行排名分析时，不可能把所有的客户都绘制在图表上。此时，可以使用数值调节钮查看指定的前 N 个或者后 N 个客户。

案例12-4

图12-16所示是一份百余家客户的销售汇总表，现要求制作一个动态图表，能够任意指定项目（销售量、销售额、毛利、毛利率），查看前 N 大客户，或者后 N 小客户。

步骤 1 确定用组合框来选择项目，设计辅助绘图数据区域，为组合框准备数据源，然后插入一个组合框，设置其控制属性，如图12-17所示。

- "数据源区域"：$H$5:$H$8。
- "单元格链接"：$H$4
- "下拉显示项数"：8

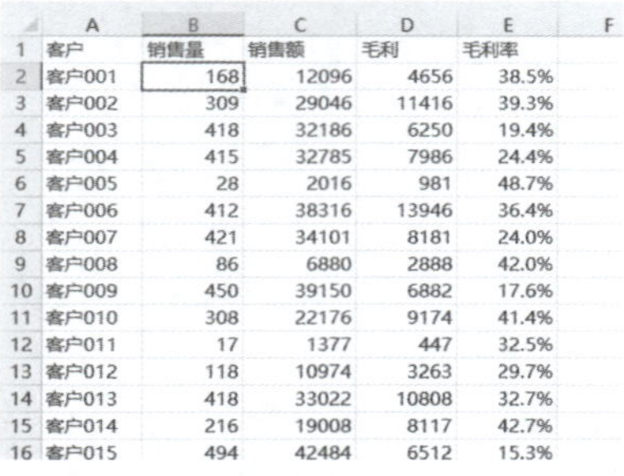

	A	B	C	D	E
1	客户	销售量	销售额	毛利	毛利率
2	客户001	168	12096	4656	38.5%
3	客户002	309	29046	11416	39.3%
4	客户003	418	32186	6250	19.4%
5	客户004	415	32785	7986	24.4%
6	客户005	28	2016	981	48.7%
7	客户006	412	38316	13946	36.4%
8	客户007	421	34101	8181	24.0%
9	客户008	86	6880	2888	42.0%
10	客户009	450	39150	6882	17.6%
11	客户010	308	22176	9174	41.4%
12	客户011	17	1377	447	32.5%
13	客户012	118	10974	3263	29.7%
14	客户013	418	33022	10808	32.7%
15	客户014	216	19008	8117	42.7%
16	客户015	494	42484	6512	15.3%

图12-16 百余家客户的销售汇总表　　图12-17 设置组合框的控制属性

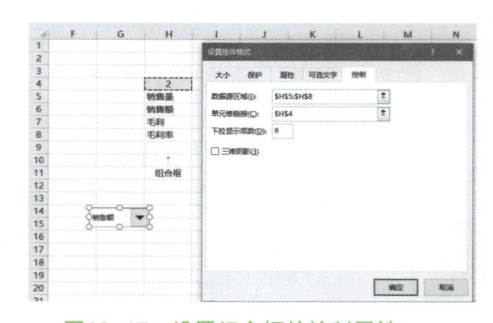

步骤 2 先插入两个选项按钮，分别将其标题修改为"降序"和"升序"，并设置其控制属性，如图12-18所示。其中，"单元格链接"为 $J$4。然后再插入分组框，将这两个选项按钮组合起来，使界面更加美观，并将分组框和这两个选项按钮进行组合，便于一起移动。

图12-18 设置两个选项按钮的控制属性

步骤 3 插入一个数值调节钮，并设置其控制属性，如图 12-19 所示。
- 最小值：5，表示最少在图上看 5 个数。
- 最大值：15，表示最多在图上看 15 个数。
- 步长：1，表示单击数值调节钮的向上或向下箭头，每次增加或减少一个数。
- 单元格链接：$L$4，即数值调节钮的值保存到单元格 L4。

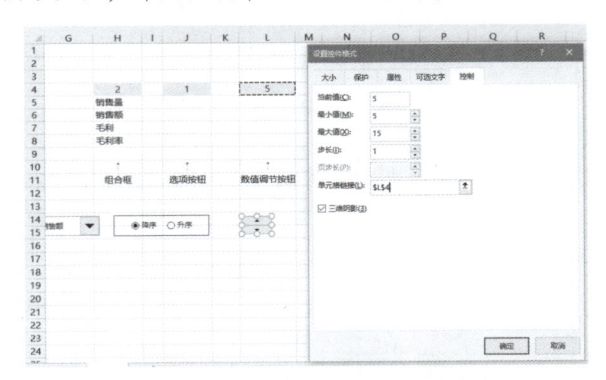

图12-19 设置数值调节钮的控制属性

步骤 4 在单元格 N4 中输入下面的公式，生成对数值调节钮的说明文字：
=TEXT(L4,IF(J4=1,"前 0 大客户","后 0 小客户"))

步骤 5 插入一个标签，将这个标签与单元格 N4 链接起来，如图 12-20 所示。连接公式为：
=$N$4

步骤 6 将所有控件组合起来，便于一起移动。

步骤 7 设计辅助绘图数据区域，对数据区域进行排序，如图 12-21 所示。

图12-20　数值调节钮右侧的标签与单元格N4链接起来

图12-21　对数据区域进行排序

（1）先根据组合框选定的项目提取数据，并进行异化处理。单元格 Q2 公式如下：

=INDEX(B2:E2,,$H$4)+RAND()/100000

（2）再对取出来的数据，根据选项按钮选定的排序方式对数据进行排序，并匹配客户名称。

单元格 R2 公式如下：

=IF($J$4=1,LARGE($Q$2:$Q$121,ROW(A1)),SMALL($Q$2:$Q$121,ROW(A1)))

单元格 S2 公式如下：

=INDEX(A:A,MATCH(R2,Q:Q,0))

步骤 8 使用 OFFSET 函数定义下面的两个动态名称，根据数值调节钮选定的显示数据个数，提取要画图的前 N 大客户或者后 N 小客户的数据区域。

（1）名称"客户"，引用位置如下：

=OFFSET(Sheet1!$S$2,,,Sheet1!$L$4,1)

（2）名称"数据"，引用位置如下：

=OFFSET(Sheet1!$R$2,,,Sheet1!$L$4,1)

步骤 9 根据这两个动态名称绘制柱形图，并格式化，如图 12-22 所示。

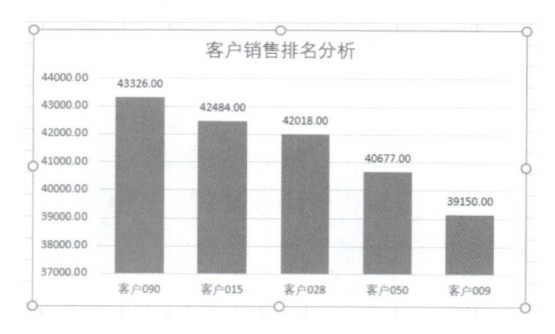

图12-22　制作的基本图表

步骤 10 布局图表和控件，使报告更美观，最终的排名分析报告如图 12-23、图 12-24 所示。

图12-23　销售额前10的客户

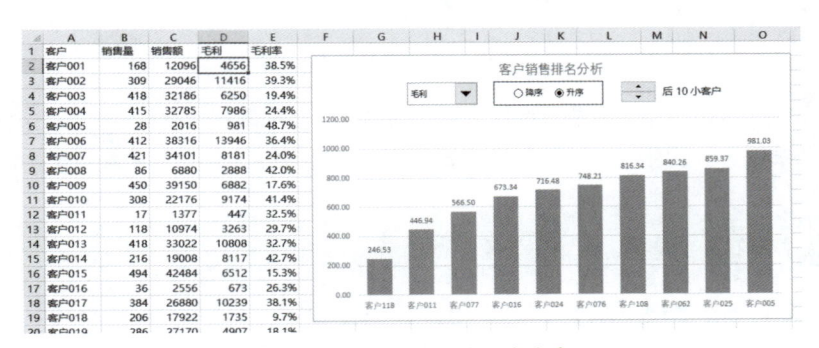

图12-24　毛利最小的10个客户

第 13 章
滚动条控制的动态图表

滚动条是通过单击滚动箭头或拖动滑块来调节数字的大小。单击滚动箭头与滚动块之间的区域时，可以滚动整页数据，如图 13-1 所示。

图13-1 滚动条

滚动条主要应用于建立调节数据连续变化的图表，比如敏感性分析、图表的滚动分析等场合。滚动条分为水平滚动条和垂直滚动条两种，具体取决于它们在工作表上放置的方向。

13.1 认识滚动条

13.1.1 滚动条的控制属性

滚动条的控制属性如图 13-2 所示，分别介绍如下。

◎ "当前值"：滑块在滚动条中的相对位置。
◎ "最小值"：滑块处于水平滚动条最左端或垂直滚动条最上端的位置。最小值只能是 0~30000 之间的数字，不能小于 0，也不能大于 30000。
◎ "最大值"：滑块处于水平滚动条最右端或垂直滚动条的最下端的位置。最大值也只能是 0~30000 之间的数字，不能小于设置的最小值，也不能大于 30000。
◎ "步长"：单击滑块任意一侧的箭头时，滑块所移动的距离。
◎ "页步长"：单击滑块与箭头之间的区域时，滑块移动的距离。
◎ "单元格链接"：保存滑块的当前位置数值的单元格。

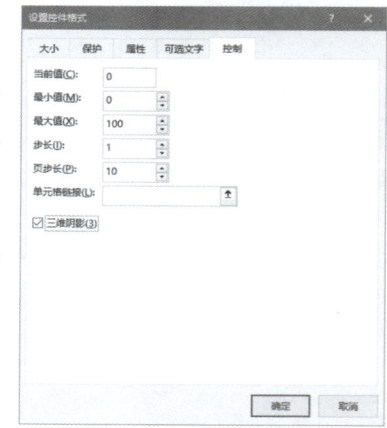

图13-2 滚动条的控制属性

由于滚动条的返回值是一个连续的序号值，因此，可以使用简单的函数公式计算变动百分比，如使用 INDEX 函数查找数据，使用 OFFSET 函数获取动态的单元格区域等。

13.1.2 滚动条的基本用法

其实，滚动条的使用方法和数值调节钮差不多，唯一不同的是，数值调节钮只能按照指定的步长调节数字，而滚动条有滑块，可以拖动滑块快速改变数字，或者单击滚动块与箭头之间的区域，按照指定的页步长改变数字。

案例13-1

以案例 12-1 的数据为例，使用滚动条控制图表的效果如图 13-3 所示。

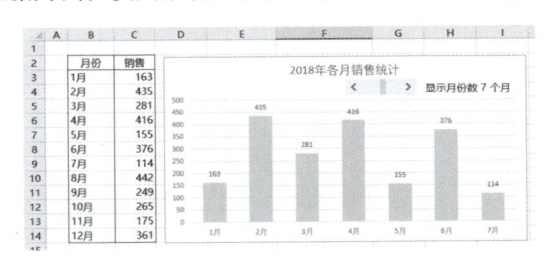

图13-3　使用滚动条控制图表

滚动条的控制属性设置如图 13-4 所示。
- "最小值"：1。
- "最大值"：12。
- "步　长"：1。
- "页步长"：1。
- "单元格链接"：$F$3。

以滚动条链接单元格 F3 的数字为控制变量，定义以下两个动态名称：

月份：=OFFSET(Sheet1!$B$3,,,Sheet1!$F$3,1)
销售：=OFFSET(Sheet1!$C$3,,,Sheet1!$F$3,1)

再以这两个名称绘制图表，最后布局图表和控件，就可得到需要的动态图表。

图13-4　设置滚动条的控制属性

13.2 滚动条实际应用案例

13.2.1 利润敏感性分析模型

案例13-2

图 13-5 所示是一个简单的利润敏感性分析模型。它用于观察单价、单位变动成本、固

定成本和销售量的变化对利润的影响程度，也就是分析利润对哪个变量最敏感。

在这个模型中，D列的变化率是由滚动条的返回值计算出来的，即用滚动条来控制变动率的变化。图表是一个组合图表，显示有3个数据系列，分别显示空心的柱形（变动前的利润）、实心的柱形（变动后的利润）和一条水平直线（参考线，为变动前的利润）。此图表的制作步骤如下。

步骤 1 在F列中分别插入4个滚动条，它们的单元格链接分别是\$G\$3、\$G\$4、\$G\$5、\$G\$6，并且都把"最小值"设置为0，"最大值"设置为200，其他设置保持默认，如图13-6所示。

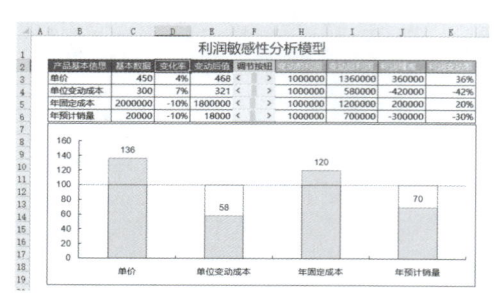

图13-5　利润敏感性分析模型　　　　图13-6　设置滚动条的控制属性

步骤 2 D列的变动率计算公式如下：

单元格D3：=G3/100-1

单元格D4：=G4/100-1

单元格D5：=G5/100-1

单元格D6：=G6/100-1

这样设计公式的目的是，当滚动条滑块正好在滚动条中间时，变动率为0；往左滑动滑块，变动率就是负值，越往左负值越大；往右滑动滑块，变动率就是正值，越往右正值越大，这样就可以观察各个变量的正向或负向变化对利润的影响程度。

E列计算各个变量变动后的值，公式分别如下：

单元格E3：=C3*(1+D3)

单元格E4：=C4*(1+D4)

单元格E5：=C5*(1+D5)

单元格E6：=C6*(1+D6)

H列计算变动前的利润，单元格公式如下：

=\$C\$6*(\$C\$3-\$C\$4)-\$C\$5

I列计算每个变量单独变动后的利润，公式分别如下：

单元格I3：=C6*(E3-C4)-C5

单元格I4：=C6*(C3-E4)-C5

单元格I5：=C6*(C3-C4)-E5

单元格I6：=E6*(C3-C4)-C5

J列计算利润的增减额，公式分别如下：

单元格J3：=I3-H3

单元格J4：=I4-H4

单元格 J5：	=I5-H5
单元格 J6：	=I6-H6

K 列计算利润的变动率，公式分别如下：

单元格 K3：	=J3/H3
单元格 K4：	=J4/H4
单元格 K5：	=J5/H5
单元格 K6：	=J6/H6

步骤 3 有了敏感性计算基础表，就可以绘制敏感性分析图了。以单元格区域 A3:A6 为横坐标轴绘制图表，在图表上添加以下 3 个系列。

（1）系列"变动前利润"，数据区域为单元格 H3:H6，绘制为柱形，但要把该系列柱形的边框设置为虚线、内部没有填充颜色，这样此柱形就是一个参考的箱体。

（2）系列"变动后利润"，数据区域为单元格 I3:I6，绘制为柱形，但要把该系列的柱形设置为实心的柱形。

（3）系列"参考线"，数据区域为单元格 H3:H6，绘制为折线，但要把该系列的线形设置为无（不显示该线形），同时，插入一条趋势线，并把趋势线设置为虚线，这样该参考线就是一条横贯左右的水平虚线。

步骤 4 将图表进行调整和美化，并隐藏 F 列，这样就完成了利润敏感性模型的制作。

13.2.2 动态高亮显示数据点

案例13-3

图 13-7 所示是利用滚动条在图表上动态高亮显示数据点的示例。单击图表上的滚动条，就可以在图表折线上高亮显示某个数据点，同时显示该数据点的月份和数值。

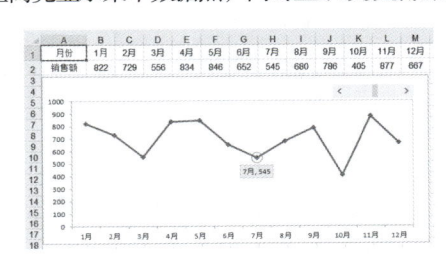

图13-7 动态高亮显示数据点

这个图表的主要制作步骤如下。

步骤 1 确定单元格 B5 保存滚动条的返回值。

步骤 2 在单元格 B6 中输入下面的公式，并往右复制，得到要高亮显示某个月份数据的绘图数据，如图 13-8 所示：

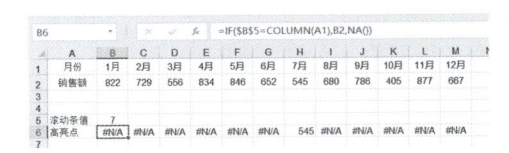

图13-8 利用公式设计高亮显示数据点的绘图数据

```
=IF($B$5=COLUMN(A1),B2,NA())
```

步骤 3 选取单元格区域 A1:M2 和 A6:M6，绘制折线图，并美化图表，删除图例。

步骤 4 选择数据系列"高亮点"，打开"设置数据系列格式"窗格，先设置"数据标记选项"，选择"内置"的"圆圈"类型作为数据标记，并调整其大小，再设置"填充"，选中"无填充"，如图 13-9 所示。

步骤 5 在图表的适当位置插入一个滚动条，设置其控件属性，如图 13-10 所示。

- ⊙ "最小值"：1。
- ⊙ "最大值"：12。
- ⊙ "步　长"：1。
- ⊙ "页步长"：1。
- ⊙ "单元格链接"：$B$5。

图13-9　设置数据系列"高亮点"的数据标记格式　　图13-10　设置滚动条的控制属性

这样，动态高亮显示数据点的动态图表就制作完毕了。只要单击滚动条任意一侧的箭头或者移动滚动块，或者单击滚动块与箭头之间的区域，就可以在图表上高亮显示某个月份的数据。

13.2.3　制作数据拉杆，具有动画放映效果的分析图

案例13-4

图 13-11 所示是联合使用滚动条和数值调节钮，动态查看从任意指定日期开始指定个数数据的动态图表。

（1）滚动条作为数据拉杆，指定从哪天开始观察。

（2）数值调节钮指定在图表上查看多少个数据。

设计辅助绘图数据区域，如图 13-12 所示。其中，单元格 G3 保存滚动条的返回值，单元格 G4 保存数值调节钮的返回值，在单元格 F5 中输入一个以下公式，产生一个说明字符串：

```
=" 从第 "&G3&" 个开始，显示 "&G4&" 个数据 "
```

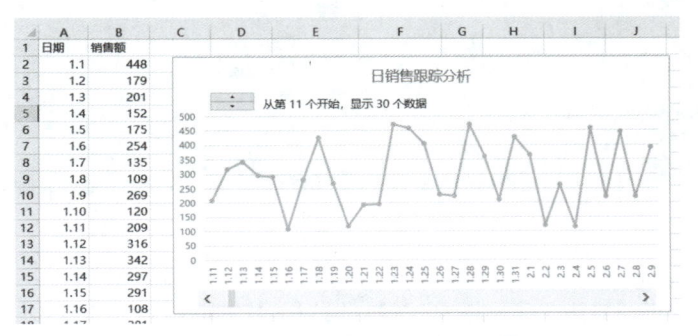

图13-11　具有数据拉杆的动态图表

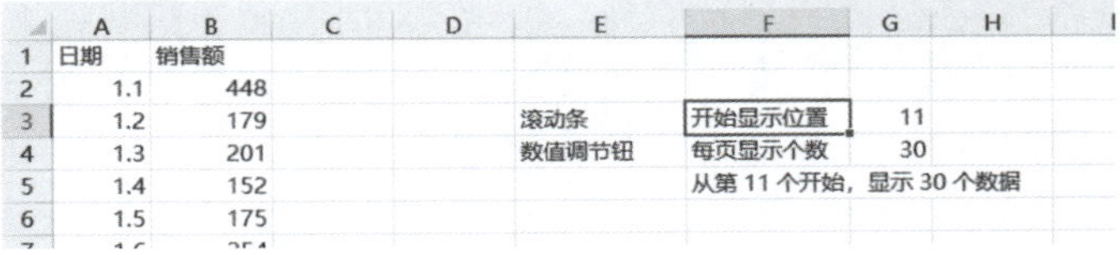

图13-12　设计辅助绘图数据区域

滚动条和数值调节钮的控制属性设置，分别如图 13-13 和图 13-14 所示。

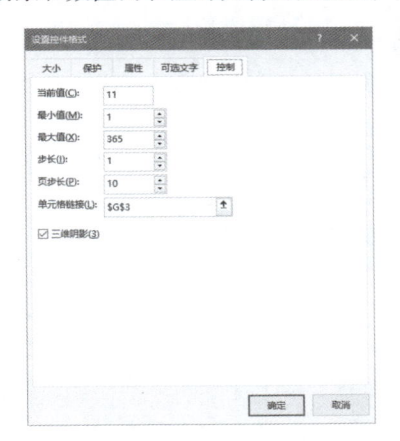

图13-13　设置滚动条的控制属性 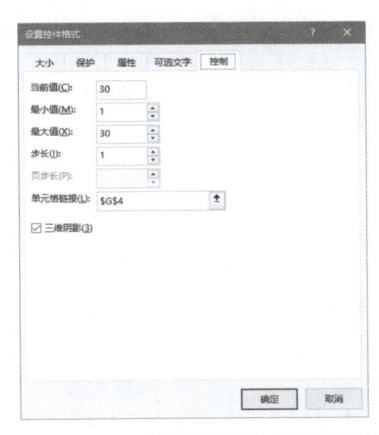　　　图13-14　设置数值调节钮的控制属性

根据两个控件的返回值，定义以下两个动态名称，再用这两个动态名称绘制图表。

（1）名称"日期"，引用位置如下：

=OFFSET(Sheet1!$A$1,Sheet1!$G$3,,Sheet1!$G$4,1)

（2）名称"销售额"，引用位置如下：

=OFFSET(Sheet1!$B$1,Sheet1!$G$3,,Sheet1!$G$4,1)

为了能够了解设置显示的情况，在数值调节钮的右侧插入一个标签，与单元格 F5 链接起来，显示目前的显示状况。

最后，将图表和控件组合，就可得到需要的动态图表。

第 14 章
函数和动态图表综合练习

在了解了函数的基本用法和各种综合运用技能,以及动态图表的基本原理和控件的使用方法后,本章将结合 3 个实际案例,综合运用函数和动态图表,制作自动化数据分析模板。

14.1 业务员综合排名分析模板

案例14-1

在本书的第 1 章中,我们给大家展示了一个业务员业绩排名分析图表模板,下面将介绍这个模板的详细制作方法和操作步骤。

14.1.1 图表控制逻辑架构

这个业务员业绩排名分析图表模板使用了两个组合框、两组选项按钮、一个数值调节钮,如图 14-1 所示。

图14-1 业务员业绩排名分析的控件组合

(1)组合框 1:选择要查看的月份。
(2)组合框 2:选择要分析的项目。
(3)第 1 个选项按钮:选择查看当月数,还是查看累计数。
(4)数值调节钮:设置在图表上查看数据的个数。
(5)第 2 个选项按钮:选择排序方式。

14.1.2 设计控件

插入一个新工作表,重命名为"绘图数据"。

1. 设计控件的数据源及链接单元格

在工作表的左侧确定控件的数据源区域和链接单元格,如图 14-2 所示。

2. 插入控件,设置控制属性

插入一个新工作表,重命名为"排名分析"。我们将在这个工作表上插入控件,绘制图表,但图表的数据源在工作表"绘图数据"上。

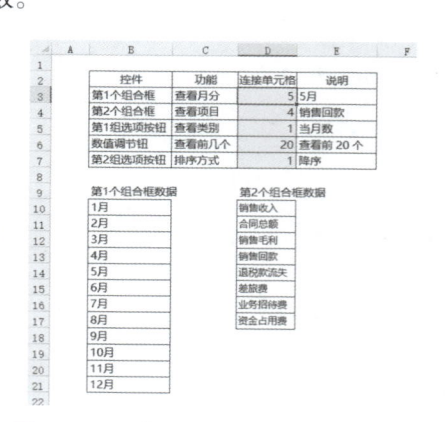

图14-2 设计控件的数据源及链接单元格

（1）切换到工作表"排名分析"，插入第 1 个组合框，用于选择月份，其控制属性的设置如图 14-3 所示。

- "数据源区域"：绘图数据 !$B$10:$B$21。
- "单元格链接"：绘图数据 !$D$3。
- "下拉显示项数"：12。

（2）插入第 2 个组合框，用于选择分析的项目，其控制属性的设置如图 14-4 所示。

- "数据源区域"：绘图数据 !$D$10:$D$17。
- "单元格链接"：绘图数据 !$D$4。
- "下拉显示项数"：8。

插入第 1 组的两个选项按钮，用于选择查看当月数还是查看累计数。将两个选项按钮的标题分别修改为"当月数"和"累计数"，再分别设置它们的控制属性，如图 14-5 所示（其中"单元格链接"是"绘图数据 !$D$5"），最后用分组框将它们组合起来。

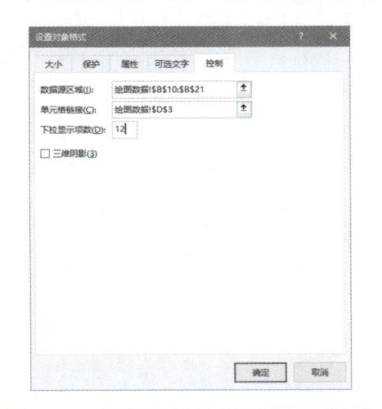

图14-3　设置月份组合框的控制属性 　　图14-4　设置选择项目组合框的控制属性

图14-5　设置第1组两个选项按钮的控制属性

（3）插入一个数值调节钮，用于设置在图表上显示数据的个数，其控制属性设置如图 14-6 所示。

- "最小值"：5。
- "最大值"：20。

◎ "步长"：1。

◎ "单元格链接"：绘图数据！$D$6。

（4）为了显示数值调节钮当前的显示状态，插入一个标签，将其与工作表"绘图数据"的单元格 E6 链接起来，然后将这个标签和数值调节钮用分组框组合起来，使其美观、整洁。

（5）插入第 2 组用于选择排序方式的两个选项按钮，将其标题分别修改为"降序"和"升序"，再分别设置它们的控制属性，如图 14-7 所示（其中"单元格链接"是"绘图数据！$D$7"），最后用分组框将它们组合起来。

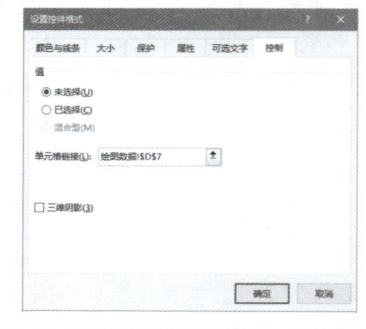

图14-6　设置数值调节钮的控制属性　　　图14-7　设置第2组两个选项按钮的控制属性

这样，所有的控件就设置完毕了。最后将这些控件组合在一起，便于移动位置。

14.1.3　创建排名计算公式

下面就根据各个控件的返回值，对数据进行排名分析。这些操作都是在工作表"绘图数据"上进行的。

1. 查询提取数据

把指定月份、指定项目的当月数和累计数查询出来，如图 14-8 所示。H 列是员工姓名，从原始数据复制得来。

单元格 I4 的公式如下：

=INDEX(汇总表!$C$2:$N$241,MATCH(H4,汇总表!$A$2:$A$241,0)+$D$4-1,$D$3)+RAND()/1000000

单元格 J4 的公式如下：

=SUM(OFFSET(汇总表!$C$2,MATCH(H4,汇总表!$A$2:$A$241,0)+$D$4-2,1,$D$3))+RAND()/1000000

	排名前的原始数据	
	当月数	累计数
员工01	853	11430
员工02	3400	6912
员工03	2139	12230
员工04	948	6017
员工05	3787	8945
员工06	711	8507
员工07	1675	7533
员工08	2199	12365
员工09	1022	5915
员工10	1534	4491

图14-8　查询指定月份、指定项目的当月数和累计数

2. 对查询出的数据进行降序排名

设计排名表格，对查询出的当月数和累计数分别进行降序排名，如图 14-9 所示。

单元格 L4 的公式如下：

`=INDEX($H$4:$H$33,MATCH(M4,$I$4:$I$33,0))`

单元格 M4 的公式如下：

`=LARGE($I$4:$I$33,ROW(A1))`

单元格 N4 的公式如下：

`=INDEX($H$4:$H$33,MATCH(O4,$J$4:$J$33,0))`

单元格 O4 的公式如下：

`=LARGE($J$4:$J$33,ROW(A1))`

图14-9　对当月数和累计数分别进行降序排名

3. 对降序排名后的数据进行处理，准备画图数据

由于图表上要显示一条平均值线，并且要把均值以下的标识设置为红色，把均值以上的标识设置为绿色，因此，需要把降序排名后的数据进行分隔处理，如图 14-10 所示。各单元格公式如下：

单元格 Q4：　`=IF($D$5=1,L4,N4)`

单元格 R4：　`=IF($D$5=1,M4,O4)`

单元格 S4：　`=AVERAGE($R$4:$R$33)`

单元格 T4：　`=IF(R4>=S4,R4,"")`

单元格 U4：　`=IF(R4<S4,R4,"")`

图14-10　对降序排名后的数据进行分隔处理

4. 对查询出的数据进行升序排名

对查询出的当月数和累计数分别进行升序排名，如图 14-11 所示。

单元格 W4 的公式如下：

`=INDEX($H$4:$H$33,MATCH(X4,$I$4:$I$33,0))`

单元格 X4 的公式如下：

```
=SMALL($I$4:$I$33,ROW(A1))
```

单元格 Y4 的公式如下：

```
=INDEX($H$4:$H$33,MATCH(Z4,$J$4:$J$33,0))
```

单元格 Z4 的公式如下：

```
=SMALL($J$4:$J$33,ROW(A1))
```

图14-11　对当月数和累计数分别进行升序排名

5. 对升序排名后的数据进行处理，准备画图数据

与降序排名数据处理一样，把升序排名后的数据进行分隔处理，如图 14-12 所示。各单元格公式如下：

单元格 AB4 ：=IF($D$5=1,W4,Y4)
单元格 AC4 ：=IF($D$5=1,X4,Z4)
单元格 AD4 ：=AVERAGE($R$4:$R$33)
单元格 AE4 ：=IF(AC4>=AD4,AC4,"")
单元格 AF4 ：=IF(AC4<AD4,AC4,"")

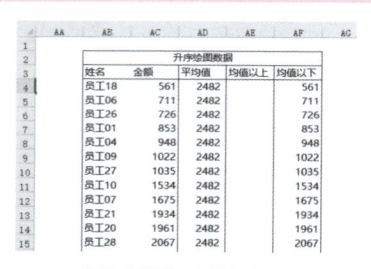

图14-12　对升序排名后的数据进行分隔处理

14.1.4　定义动态名称

根据控件的返回值及排序后的数据，定义以下几个动态名称。

（1）名称"姓名"，引用位置如下：

```
=IF(绘图数据!$D$7=1,
OFFSET(绘图数据!$Q$4,,,绘图数据!$D$6,1),
OFFSET(绘图数据!$AB$4,,,绘图数据!$D$6,1))
```

（2）名称"平均值"，引用位置如下：

```
=IF(绘图数据!$D$7=1,
OFFSET(绘图数据!$S$4,,,绘图数据!$D$6,1),
OFFSET(绘图数据!$AD$4,,,绘图数据!$D$6,1))
```

（3）名称"均值以上"，引用位置如下：

```
=IF(绘图数据!$D$7=1,
OFFSET(绘图数据!$T$4,,,绘图数据!$D$6,1),
OFFSET(绘图数据!$AE$4,,,绘图数据!$D$6,1))
```

（4）名称"均值以下"，引用位置如下：

```
=IF(绘图数据!$D$7=1,
OFFSET(绘图数据!$U$4,,,绘图数据!$D$6,1),
OFFSET(绘图数据!$AF$4,,,绘图数据!$D$6,1))
```

14.1.5 绘制图表

根据上面定义的 4 个动态名称绘制柱形图，并进行格式化，就可得到需要的动态图表，如图 14-13 所示。

这里要注意，平均值的柱形不显示，但要显示趋势线。

其他数据系列的重叠比例要设置为 100%，分类间距要设置为一个合适的比例。

均值以上和均值以下两个系列要分别设置为不同的填充颜色。

添加数据标签后，要注意设置自定义数字格式，不显示零值。

还有，对于平均值，显示其中一个数据点的标签，这样就可以看到均值是多少了。

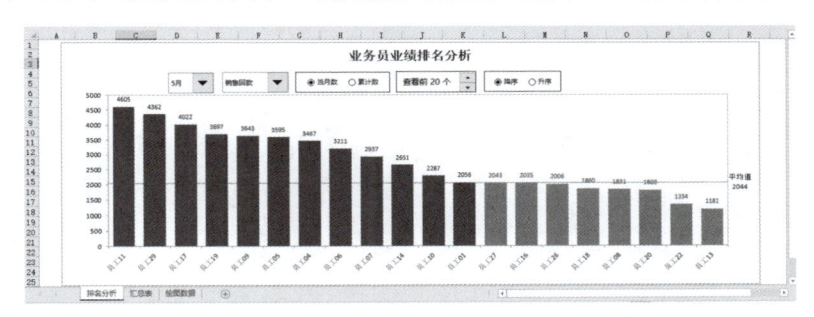

图14-13 绘制得到的业务员业绩排名分析模板

14.2 产品销售毛利分析

第 1 章还介绍了一个基本的销售毛利分析报告。下面将介绍这个报告的制作方法和步骤。

14.2.1 汇总计算各个产品的毛利

案例14-2

插入一个工作表，设计图 14-14 所示的汇总报告。这是一个计算很简单的汇总报告，使用 SUMIF 函数即可解决。各个单元格的计算公式如下：

```
单元格 C4： =SUMIF(去年!D:D,B4,去年!H:H)/10000
单元格 D4： =SUMIF(今年!D:D,B4,今年!H:H)/10000
单元格 E4： =D4-C4
单元格 F4： =E4/C4
```

对于数据分析来说，能够一眼就从报表中发现异常数字，是一份分析报告最基本的要求。例如，如何把那些同比减少的产品醒目地标出来？对于这种处理要求，可以使用自定义数字格式，效果如图 14-15 所示。

图14-14　各种产品毛利汇总

图14-15　使用自定义数字格式，自动标注异常数字

14.2.2　分析各个产品的毛利对企业总毛利的影响程度

尽管这份报表能直观地看出各个产品的毛利同比增减情况，但不太容易观察各个产品对企业总毛利的影响程度。此时，可以绘制步行图（瀑布图，也称桥图）来考察这样的影响。此图表的绘制步骤如下。

步骤 1　设计辅助数据区域，如图 14-16 所示。

步骤 2　选择这个数据区域，插入瀑布图，如图 14-17 所示。

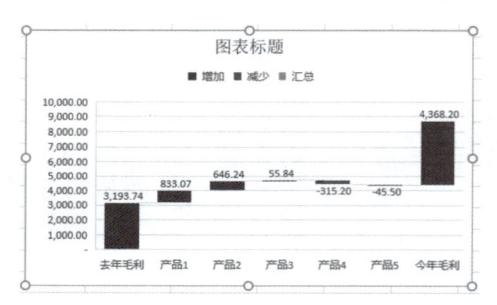

图14-16　分析毛利影响的辅助数据区域

图14-17　基本的瀑布图

步骤 3　选择今年毛利柱形，右击并执行快捷菜单中的"设置为汇总"命令，如图 14-18 所示。

这样，就得到了初具雏形的瀑布图，如图 14-19 所示。

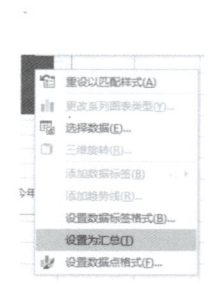

图14-18　右击并执行"设置为汇总"命令

图14-19　初具雏形的瀑布图

步骤 4　将图表进行美化，与上面的汇总表放在一起，即可得到产品毛利汇总及其对企业总毛利的影响分析报告，如图 14-20 所示。

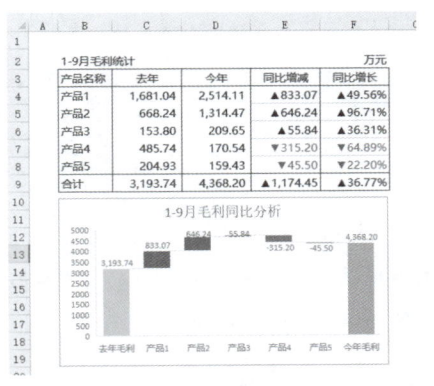

图14-20　产品毛利分析

14.2.3　分析指定产品毛利的影响因素

从分析报告中可以看出，产品1和产品2的毛利同比大幅增加，而产品4的毛利同比大幅减少。那么，为什么会增加？又为什么会下降？是销量引起的，还是单价引起的，或是成本引起的？

制作指定产品毛利同比增减影响因素分析报告的详细步骤如下。

步骤 1　设计如图14-21所示的分析表格，并在表格左侧插入一个列表框，用于选择要分析的产品，其"数据源区域"是 $B$4:$B$8，"单元格链接"是 $M$2。

步骤 2　在单元格 I2 中输入下面的公式，获取选中产品的名称（是为了方便进行汇总计算）：

=INDEX(B4:B8,M2)

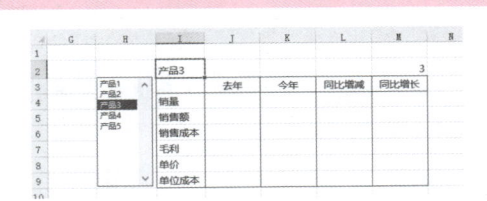

图14-21　分析指定产品毛利的影响因素

J 列的计算公式如下：

单元格 J4：=SUMIF(去年 !$D:$D,$I$2, 去年 !$E:$E)
单元格 J5：=SUMIF(去年 !$D:$D,$I$2, 去年 !$F:$F)/10000
单元格 J6：=SUMIF(去年 !$D:$D,$I$2, 去年 !$G:$G)/10000
单元格 J7：=SUMIF(去年 !$D:$D,$I$2, 去年 !$H:$H)/10000
单元格 J8：=J5/J4*10000
单元格 J9：=J6/J4*10000

K 列的公式可以采用简单的方法得到：将 J 列的公式复制到 K 列，然后将公式里的"去年"替换为"今年"即可。

L 列和 M 列的计算公式比较简单，此处不再列示。

步骤 3　设置自定义数字格式，并将单元格 M2 的字体设置为白色，使报表更美观，如图14-22所示。

图14-22 设置自定义数字格式

影响产品毛利的3个因素是销量、单价、单位成本,因此设计如图14-23所示的因素分析表格,准备绘制瀑布图。各个单元格公式如下:

单元格J11: =J7
单元格J12: =(K4-J4)*(J8-J9)/10000
单元格J13: =K4*(K8-J8)/10000
单元格J14: =K4*(J9-K9)/10000
单元格J15: =K7

步骤 4 以这个表格数据绘制瀑布图,就可得到如图14-24所示的分析图表。

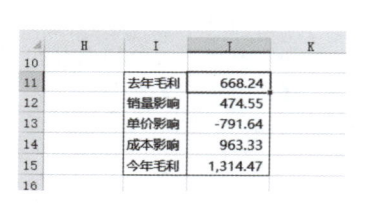

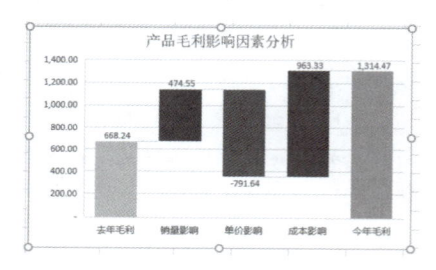

图14-23 产品毛利的销量、单价、成本影响计算

图14-24 产品毛利同比增减影响因素分析

步骤 5 将前面的产品两年数据汇总计算表格和这个瀑布图进行布局,得到可以查看任意产品毛利同比分析的报告,如图14-25所示。

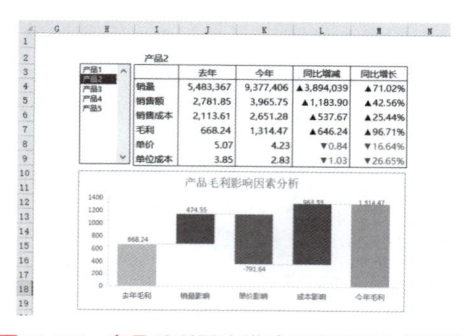

图14-25 产品毛利同比增减影响因素分析报告

14.2.4 分析指定产品各个月的销售情况

14.2.1、14.2.2、14.2.3这三个小节的分析是针对1—9月累计数的分析,这个累计数有可能是某个月或者某几个月出现异常形成的。因此,有必要对指定产品各个月的销售情况进行跟踪分析。

从外部市场看，影响产品毛利的因素主要是产品的销量和单价，因此设计指定产品销量和单价的分析表格，并绘制可以查看销量或单价的趋势图，如图14-26所示。

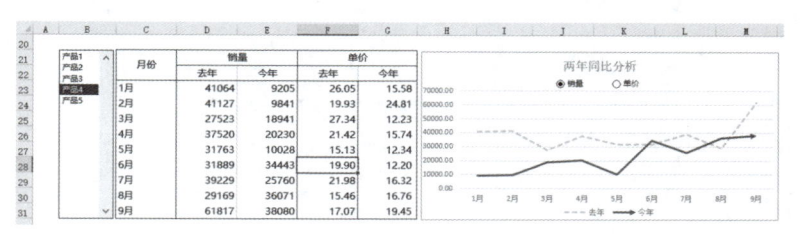

图14-26　分析指定产品销量和单价的各月变化及同期变化

此图表的详细操作步骤如下。

步骤① 图14-26左侧的报表是使用SUMIFS函数及简单的计算完成的，单元格公式如下：

单元格D23：=SUMIFS(去年!E:E,去年!D:D,$I$2,去年!C:$C,C23)
单元格E23：=SUMIFS(今年!E:E,今年!D:D,$I$2,今年!C:$C,C23)
单元格F23：=SUMIFS(去年!F:F,去年!D:D,$I$2,去年!C:$C,C23)/D23
单元格G23：=SUMIFS(今年!F:F,今年!D:D,$I$2,今年!C:$C,C23)/E23

步骤② 插入两个选项按钮，标题分别修改为"销量"和"单价"，并将其"单元格链接"都设置为$J$22，然后定义下面的3个动态名称。

（1）名称"月份"

引用位置：=分析报告!$C$23:$C$31

（2）名称"去年"

引用位置：：=CHOOSE(分析报告!$J$22,分析报告!$D$23:$D$31,分析报告!$F$23:$F$31)

（3）名称"今年"

引用位置：：=CHOOSE(分析报告!$J$22,分析报告!$E$23:$E$31,分析报告!$G$23:$G$31)

步骤③ 根据这3个动态名称绘制折线图，并美化图表。

这样就得到了指定产品各月的销量和单价变动情况。

14.3　建立管理费用滚动跟踪分析模板

14.1和14.2这两节的介绍是在已有汇总表格的基础上，对数据进行灵活的可视化分析。下面，将从最原始的数据出发，建立一个滚动分析模板。

14.3.1　示例数据：从系统导入的管理费用发生额表

◎ 案例14-3

图14-27所示是从系统导入的前5个月管理费用发生额表，并分5个工作表保存。现在要按照部门、费用和月份3个维度，对管理费用进行分析，并建立动态的管理费用分析模板。

155

科目代码	科目名称	发生额
6602	管理费用	499,700.00
6602.01	工资	242,000.00
6602.01	[001]公司总部/[0]非质量成本	30,000.00
6602.01	[003]人力资源部/[0]非质量成本	80,000.00
6602.01	[004.01]采购部/[0]非质量成本	30,000.00
6602.01	[004.02]计划部/[0]非质量成本	20,000.00
6602.01	[005.01]会计部/[0]非质量成本	30,000.00
6602.01	[005.02]仓储部/[0]非质量成本	25,000.00
6602.01	[012]内控部/[0]非质量成本	27,000.00
6602.02	福利费	155,600.00
6602.02	[001]公司总部/[0]非质量成本	150,000.00
6602.02	[003]人力资源部/[0]非质量成本	5,000.00
6602.02	[005.02]仓储部/[0]非质量成本	600.00
6602.03	差旅费	69,300.00
6602.03	[001]公司总部/[0]非质量成本	60,000.00
6602.03	[003]人力资源部/[0]非质量成本	8,000.00

1月 2月 3月 4月 5月

科目代码	科目名称	发生额
6602	管理费用	375,659.92
6602.01	工资	150,070.55
6602.01	[001]公司总部/[0]非质量成本	17,206.42
6602.01	[003]人力资源部/[0]非质量成本	72,120.69
6602.01	[004.01]采购部/[0]非质量成本	2,705.55
6602.01	[004.02]计划部/[0]非质量成本	1,607.02
6602.01	[005.01]会计部/[0]非质量成本	22,918.64
6602.01	[005.02]仓储部/[0]非质量成本	22,692.43
6602.01	[012]内控部/[0]非质量成本	10,819.80
6602.02	福利费	126,483.40
6602.02	[001]公司总部/[0]非质量成本	125,601.24
6602.02	[003]人力资源部/[0]非质量成本	738.17
6602.02	[005.02]仓储部/[0]非质量成本	143.99
6602.03	差旅费	73,701.88
6602.03	[001]公司总部/[0]非质量成本	62,426.57
6602.03	[003]人力资源部/[0]非质量成本	3,571.50

1月 2月 3月 4月 5月

图14-27　从系统导入的前5个月管理费用发生额表

14.3.2　设计滚动汇总表

由于要分析的变量有 3 个，即部门、费用和月份，因此在汇总表的设计方面，要先思考什么样的报告结构能够表达出这 3 个变量的关系。

图 14-28 所示是一种常见的分析报告结构。在这个报告中，纵向按部门和费用进行分类，横向则是各月的分类。部门是大类，其下有各项费用的明细，而每个部门的第 1 行是所有费用的合计。

部门	费用	1月	2月	3月	4月	5月	6月	7月	8月	9月	10月	11月	12月	全年
公司总部		**263800**	**255575**	**217879**	**262679**	**79549**								**1079482**
	工资	30000	41318	17206	10501	29360								128386
	福利费	150000	153285	125601	146117	29879								604882
	差旅费	60000	46825	62427	74125	6877								250255
	水电费	16800	10308	6102	25613	4310								63132
	办公费	7000	3839	6543	6322	9123								32827
人力资源部		**95000**	**23167**	**77035**	**30990**	**78316**								**304509**
	工资	80000	7563	72121	23035	64043								246762
	福利费	5000	5822	738	2583	5992								20136
	差旅费	8000	9176	3572	4118	7005								31871
	水电费													
	办公费	2000	605	605	1254	1276								5740
采购部		**30600**	**26839**	**6929**	**45634**	**30113**								**140115**
	工资	30000	25984	2706	42602	26865								128157
	福利费													
	差旅费	600	512	790	933	816								3651
	水电费													
	办公费		343	3434	2098	2432								8307
计划部		**20700**	**8757**	**2827**	**16539**	**9161**								**57984**
	工资	20000	6829	1607	15927	8817								53179

分析图 汇总表 1月 2月 3月 4月 5月

图14-28　常见的分析报告结构

制作滚动汇总表的步骤如下。

步骤 1 根据原始数据的特征和逻辑关系，查找 1 月份公司总部各个项目的费用。

单元格 D4：

```
=IFERROR(SUMIFS(INDIRECT(D$2&"!C:C"),INDIRECT(D$2&"!B:B"),"*"&$B3&"*",IN-
DIRECT(D$2&"!A:A"),INDEX(INDIRECT(D$2&"!A:A"),MATCH($C4,INDI-
RECT(D$2&"!B:B"),0))),"")
```

单元格 D5：

```
=IFERROR(SUMIFS(INDIRECT(D$2&"!C:C"),INDIRECT(D$2&"!B:B"),"*"&$B3&"*",IN-
DIRECT(D$2&"!A:A"),INDEX(INDIRECT(D$2&"!A:A"),MATCH($C5,INDI-
RECT(D$2&"!B:B"),0))),"")
```

单元格 D6：

=IFERROR(SUMIFS(INDIRECT(D$2&"!C:C"),INDIRECT(D$2&"!B:B"),"*"&$B3&"*",INDIRECT(D$2&"!A:A"),INDEX(INDIRECT(D$2&"!A:A"),MATCH($C6,INDIRECT(D$2&"!B:B"),0))),"")

单元格 D7：

=IFERROR(SUMIFS(INDIRECT(D$2&"!C:C"),INDIRECT(D$2&"!B:B"),"*"&$B3&"*",INDIRECT(D$2&"!A:A"),INDEX(INDIRECT(D$2&"!A:A"),MATCH($C7,INDIRECT(D$2&"!B:B"),0))),"")

单元格 D8：

=IFERROR(SUMIFS(INDIRECT(D$2&"!C:C"),INDIRECT(D$2&"!B:B"),"*"&$B3&"*",INDIRECT(D$2&"!A:A"),INDEX(INDIRECT(D$2&"!A:A"),MATCH($C8,INDIRECT(D$2&"!B:B"),0))),"")

步骤 ② 将此公式往右复制，可得到其他月份的数据。

步骤 ③ 选择这几行，复制到其他部门下，就可得到其他部门各个月的数据。

由于这是一个滚动汇总表，使用了 INDIRECT 函数来间接引用月份工作表。因此，当新的月份工作表有了之后，汇总表就可以自动抓取该月的数据。

14.3.3 指定部门、指定费用的各个月变化分析

趋势分析包括部门和费用的趋势分析，也就是各月的费用变化情况。这里，将部门和费用作为两个变量来处理，也就是选定某个部门和某个费用项目来查看各月的变化情况。

制作此图表的详细步骤如下。

步骤 ① 新建一个工作表，重命名为"趋势分析"。

步骤 ② 插入两个列表框，分别用于选择部门和费用，其数据源区域和链接单元格如图 14-29 所示。设置部门列表框的"单元格链接"为 $B$4，设置费用列表框的"单元格链接"为 $D$4。

图14-29　部门列表框和费用列表框的数据源区域和链接单元格

步骤 ③ 设计辅助绘图数据区域，从汇总表中查询指定部门、指定费用各个月的数据，如图 14-30 所示。单元格 G5 的公式如下：

=HLOOKUP(F5,汇总表!$D$2:$O$50,($B$4-1)*6+$D$4+1,0)

步骤 ④ 利用单元格区域 F4:G16 的数据绘制柱形图，并进行美化，然后布局图表和列表框，就可得到如图 14-31 所示的动态分析图表。

图14-30 查询指定部门、指定费用各个月的发生额

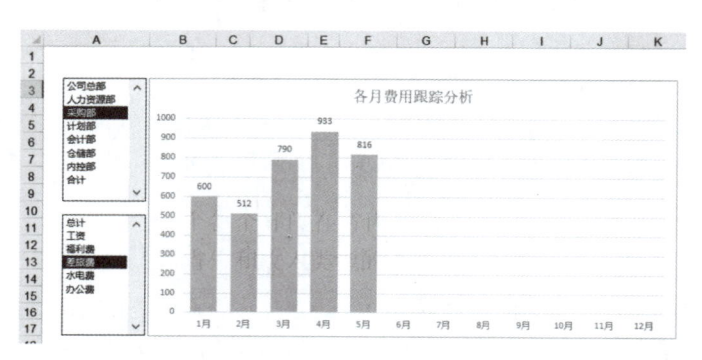

图14-31 分析指定部门、指定费用各个月的变动情况

14.3.4 指定月份、指定部门的费用结构分析

当指定月份和部门时，需要分析制定部门在指定月份下各项费用的结构。

制作此图表的详细步骤如下。

步骤 1 新建一个工作表，重命名为"部门分析"。

步骤 2 在工作表"部门分析"上插入一个组合框和一个列表框，组合框用于选择月份，列表框用于选择部门，其数据源区域和单元格链接如图14-32所示。

月份组合框的"单元格链接"是 $C$3，部门列表框的"单元格链接"是 $E$3。

图14-32 月份组合框和部门列表框的数据源区域和链接单元格

步骤 3 根据单元格 C3 和 E3 的值，从汇总表中查询各项费用的数据，获取绘图数

据，如图 14-33 所示。单元格 H4 的公式如下：

=OFFSET(汇总表!$C$2,($E$3-1)*6+ROW(A2),$C$3)

步骤 4 利用单元格区域 G3:H8 的数据绘制饼图，美化图表，布局图表和控件，就可得到如图 14-34 所示的分析报告。

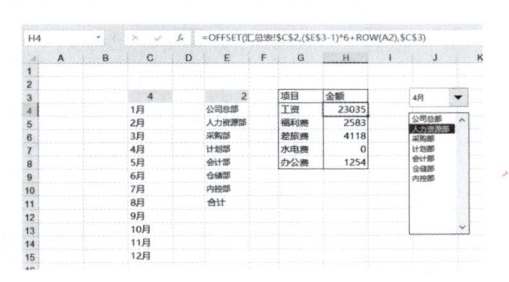

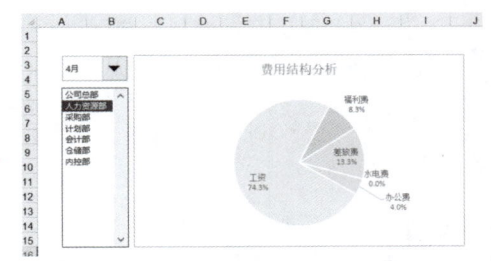

图14-33　查询指定月份、指定部门的各项费用的发生额

图14-34　指定月份、指定部门的各项费用的结构分析

14.3.5　指定月份、指定费用的各部门对比分析

当指定月份、指定费用时，可以分析各个部门的占比情况。

制作此图表的详细步骤如下。

步骤 1 新建一个工作表，重命名为"费用分析"。

步骤 2 在工作表"费用分析"上插入一个组合框和一个列表框，组合框用于选择月份，列表框用于选择费用，其数据源区域和单元格链接如图 14-35 所示。

月份组合框的"单元格链接"是 $C$3，费用列表框的"单元格链接"是 $E$3。

图14-35　月份组合框和费用列表框的数据源区域和链接单元格

步骤 3 根据单元格 C3 和 E3 的值，从汇总表中查询各个部门的数据，获取绘图数据，如图 14-36 所示。单元格 H4 的公式如下：

=OFFSET(汇总表!$C$2,(ROW(A1)-1)*6+$E$3,$C$3)

步骤 4 由于部门较多，且各个部门的金额级差也比较大，因此绘制饼图不是一种好的选择。此时，可以绘制柱形图，并在坐标轴上显示百分比，如图 14-37 所示，设计坐标轴数据。单元格 J4 的公式如下：

=G4&CHAR(10)&TEXT(I4,"0.0%")

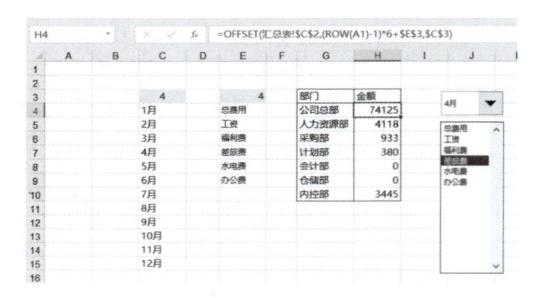

图14-36 查询指定月份、指定费用的各部门费用的发生额

图14-37 设计坐标轴数据

步骤 5 以 J 列数据作为分类轴，以 H 列数据作为数值轴，绘制柱形图并进行格式化，布局图表和控件，就可得到如图 14-38 所示的分析报告。

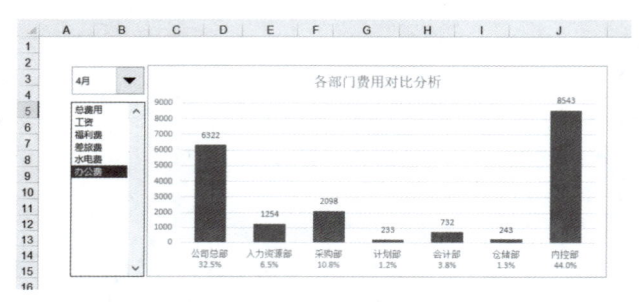

图14-38 指定月份、指定费用的各部门对比分析

第15章

数据透视图：与数据透视表共生的另一种动态图表

前面各章介绍的都是如何利用函数来创建报表、绘制动态图表。其实，对于大量数据而言，还可以利用数据透图表来分析数据，制作各种分析报告。

15.1 创建数据透视图

15.1.1 创建数据透视图的基本方法

>>> 案例15-1

可以同时创建数据透视表和数据透视图，也可以在创建数据透视表后，再创建数据透视图。

如果想同时创建数据透视表和数据透视图，可以在"插入"选项卡中单击"数据透视图"组中的"数据透视图和数据透视表"按钮，如图15-1所示，即可同时创建，如图15-2所示。

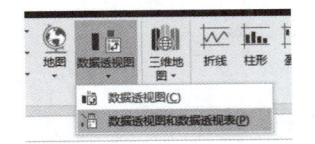

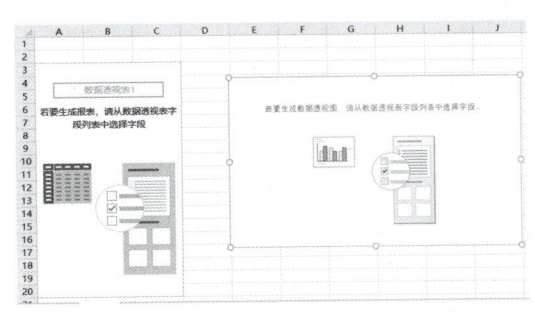

图15-1　单击"数据透视图和数据透视表"按钮　　图15-2　同时创建的数据透视图和数据透视表

对透视表进行布局，就可得到汇总报表及图表，如图15-3所示。默认情况下，透视图是普通的簇状柱形图。

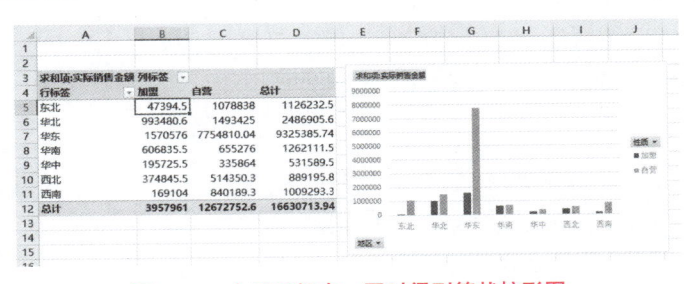

图15-3　布局透视表，同时得到簇状柱形图

当已经创建了数据透视表后，如果要再绘制数据透视图，可以单击数据透视表内任一单元格，然后单击"插入"选项卡中的某种类型图表即可。图15-4所示的就是在已经创建的数据透视表基础上绘制的饼图（数据透视图）。

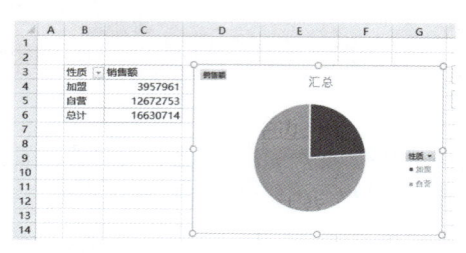

图15-4　在数据透视表基础上创建的饼图（数据透视图）

15.1.2　关于数据透视图的分类轴

数据透视图的分类轴，永远是数据透视表的行标签，如图15-5所示。因此，在绘制数据透视图时要特别注意这点。也就是说，要先按照要求进行透视表布局，才能得到需要的图表。下面就是透视表不同的布局方式，对透视图产生的影响。请与图15-3进行对比，看看有什么不同。

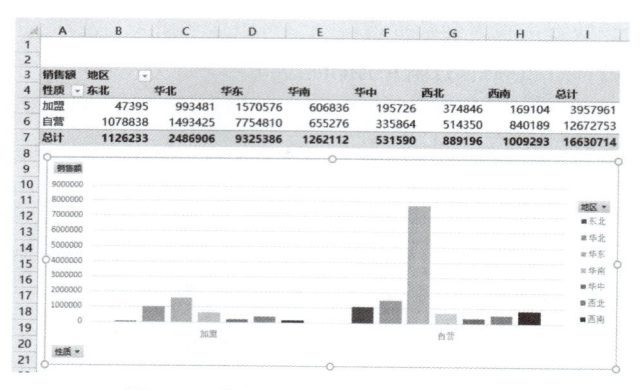

图15-5　数据透视图的分类轴是行标签

15.1.3　数据透视图的美化

数据透视图的美化与普通图表的美化，唯一不同的是，在默认情况下，数据透视图上会有字段按钮，很是难看，需要将其隐藏。美化数据透视图的方法是：在透视图上对准某个字段按钮，右击并执行快捷菜单中的"隐藏图表上的所有字段按钮"命令，如图15-6所示。

15.1.4　利用切片器控制透视表和透视图

数据透视图与数据透视表是联动的，先有数据透视表，而后才有数据透视图。如果对透视表进行重新布局操作，或者对其进行筛选，那么，透视图也随之发生变化。

图15-6　右击并执行"隐藏图表上的所有字段按钮"命令

使用切片器，可以非常方便地控制透视表的筛选，进而控制透视图的显示。

图15-7就是在透视表中插入了两个切片器，一个筛选店铺性质，另一个筛选地区，从而观察不同城市的销售情况。

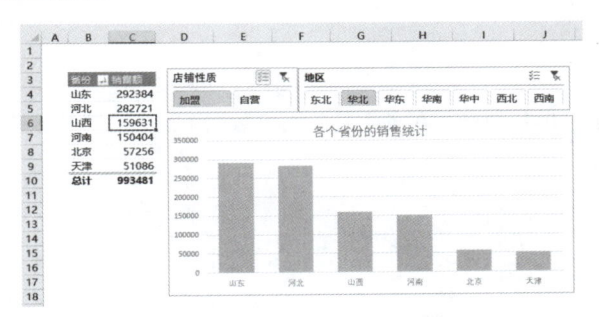

图15-7 利用切片器控制透视表和透视图

在有些情况下，如果需要从较多分析数据中制作多个透视表和透视图，那么就可以使用切片器同时控制这几个透视表和透视图，如图15-8所示。不过，需要注意的是，这些透视表必须都是由同一数据源制作的，最好是复制的透视表。

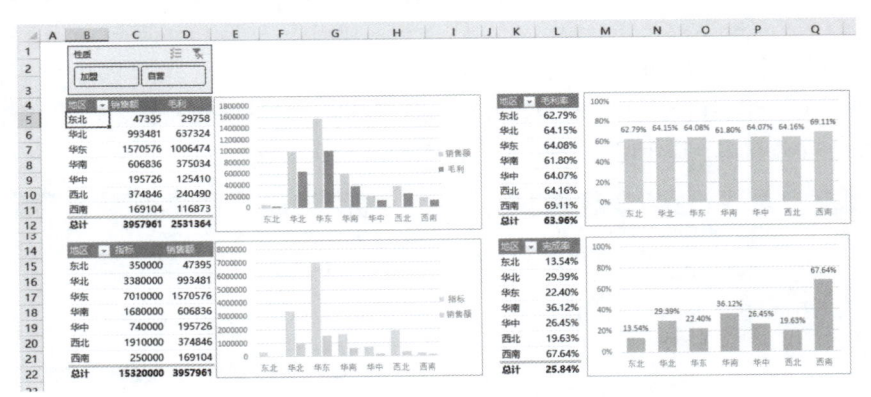

图15-8 一个切片器控制多个透视表和透视图

使用切片器同时控制多个透视表和透视图的方法是：先对某个透视表插入切片器，然后对准切片器右击并执行快捷菜单中的"报表连接"命令，如图15-9所示，打开"数据透视表连接（性质）"对话框，勾选这几个要控制的透视表即可，如图15-10所示。

图15-9 右击并执行"报表连接"命令 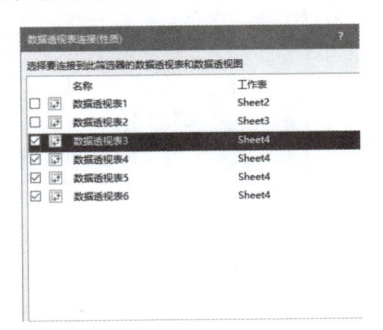　　**图15-10 勾选要控制的几个透视表**

15.2 二维表格的透视分析

二维表格是实际工作中常见的一种形式，它本质上已经是一个二维汇总表。当我们需要从这个表格的两个维度进行分析，就可以借助数据透视表和数据透视图来实现。

案例15-2

图 15-11 所示是一份各种产品在各个月的销售数据汇总表，现在要求全面分析各种产品在各个月的销售情况。

图15-11 产品销售数据汇总表

15.2.1 建立多重合并计算数据区域透视表

首先，对二维表格数据区域建立多重合并计算数据区域透视表，也就是把这个二维表格转换为一个透视表，操作如图 15-12、图 15-13 和图 15-14 所示。

图15-12 选中"多重合并计算数据区域"单选按钮

图15-13 添加二维表格数据区域

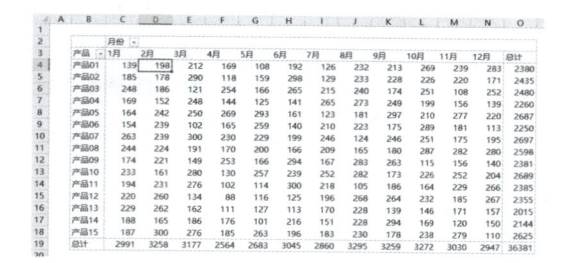

图15-14 创建一个数据透视表

下面，就可以利用这个数据透视表，联合使用切片器和数据透视图，对各种产品的销售数据进行分析。

15.2.2 联合使用切片器和数据透视图进行分析

图 15-15 所示是重新布局数据透视表，插入切片器和数据透视图，分析指定产品各个月的销售情况。

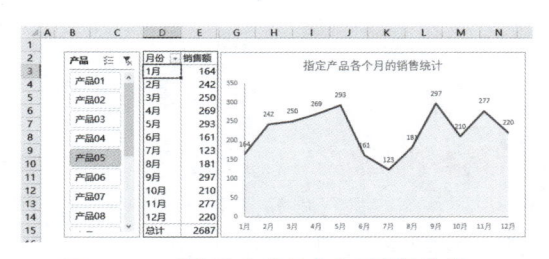

图15-15 分析指定产品各个月的销售情况

复制一份透视表，重新布局，按产品分类，并将销售额降序排序，插入切片器，选择月份（注意两个透视表的切片器要分别控制各自的数据透视表），可得到指定月份下各种产品销售额排名的分析报告，如图 15-16 所示。

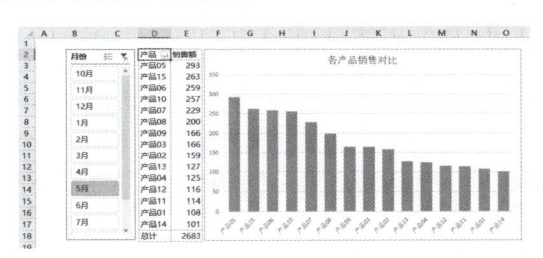

图15-16 指定月份下各种产品销售额排名

15.3 一维表格的透视分析

分析一维表格数据，需要关注的维度较多。此时，如果创建数据透视表，并使用切片器控制报表筛选和透视图显示，会使分析更加灵活。

案例15-3

图 15-17 所示是从系统导入的原始销售数据，现在要求对这些销售数据进行多维度分析，并将分析结果可视化。

图15-17 从系统导入的原始销售数据

15.3.1　创建普通的数据透视表

首先，对数据区域创建普通的数据透视表，如图 15-18 所示。

图15-18　创建普通的数据透视表

15.3.2　分析指定产品的客户销售

将数据透视表复制一份，将客户进行分类，插入筛选产品的切片器，并创建排名柱形图，可得到指定产品的销售额排名前 10 的客户分析报告，如图 15-19 所示。

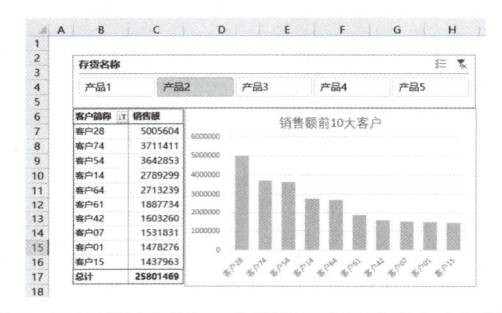

图15-19　指定产品的销售额排名前10的客户分析报告

15.3.3　分析指定客户的产品销售

将数据透视表复制一份，将产品进行分类，插入筛选客户的切片器，并创建饼图，得到指定客户的产品销售结构分析报告，如图 15-20 所示。

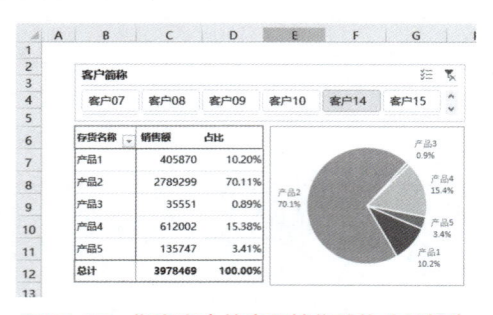

图15-20　指定客户的产品销售结构分析报告

15.3.4　分析客户销售排名

下面制作两份报告，一份是销量排名前 10 的客户分析报告，另一份是销售额排名前 10 的客户分析报告，并使用切片器来筛选查看指定的产品，如图 15-21 所示。这里，一个切片器控制两个透视表。

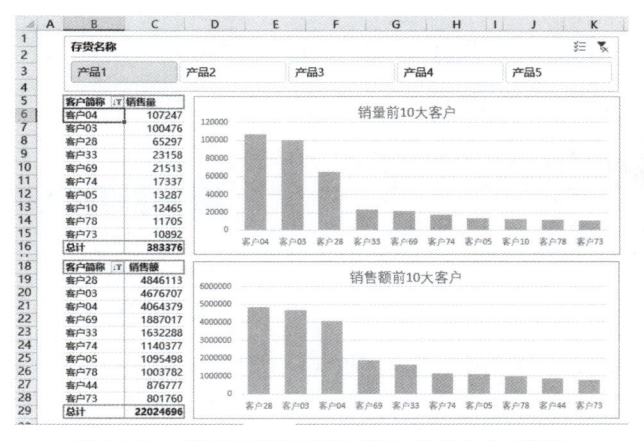

图15-21　销量和销售额排名前10的客户分析报告

15.4　多个一维表格的汇总与分析

如果要对多个一维表格汇总并从各个角度进行分析，基本思路是：先想办法汇总，并制作数据透视表，然后再进行分析。

15.4.1　两年销售数据示例

案例15-4

图15-22所示是两年的销售流水数据，均为一维表格。现在要求制作如下的分析报告。
（1）各种产品两年销售量和销售额同比增长情况。
（2）各种产品两年的各月销售量波动情况。
（3）今年销售额前10名客户及其与去年同比增长情况。

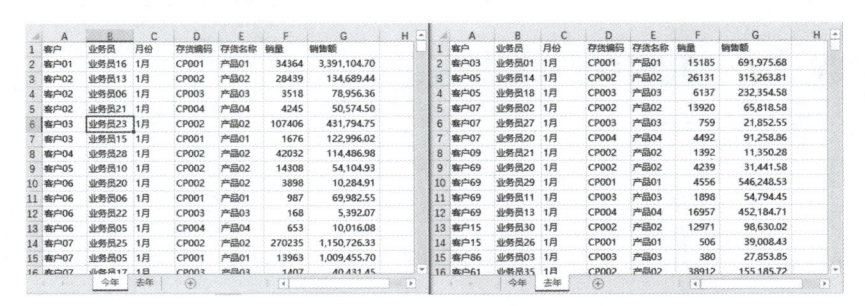

图15-22　两年的销售流水数据

15.4.2　利用现有连接+SQL语句创建基于两年数据的透视表和透视图

由于两年的工作表都是一维表格，并且结构相同，因此可以使用现有连接+SQL语句的方法，将两年表格数据汇总起来，创建数据透视表。具体步骤如下。

步骤 1 单击"数据"选项卡下的"现有连接"命令按钮，如图15-23所示。
步骤 2 打开"现有连接"对话框，如图15-24所示。

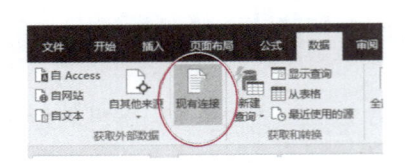

图15-23 单击"现有连接"命令按钮

图15-24 打开"现有连接"对话框

步骤 3 单击左下角的"浏览更多"按钮,打开"选取数据源"对话框,然后从文件夹里选择该工作簿,如图15-25所示。

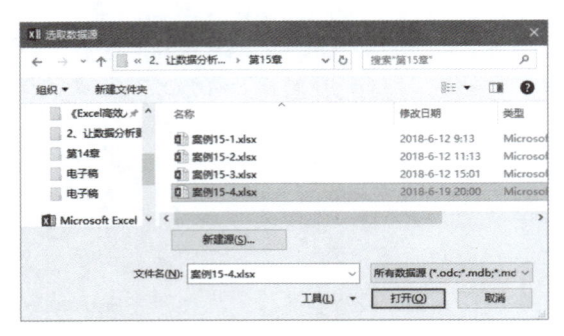

图15-25 选择要汇总的工作簿

步骤 4 单击"打开"按钮,打开"选择表格"对话框,参数保持默认,如图15-26所示。

步骤 5 单击"确定"按钮,打开"导入数据"对话框,选中"数据透视图"和"新工作表"单选按钮,如图15-27所示。

图15-26 保持默认参数

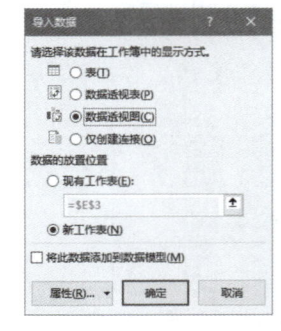

图15-27 选中"数据透视图"和"新工作表"单选按钮

步骤 6 单击左下角的"属性"按钮,打开"连接属性"对话框,单击"定义"选项卡,然后在"命令文本"文本框中输入下面的SQL语句,如图15-28所示:

```
select '去年' as 年份,* from [去年$] union all select '今年' as 年份,* from [今年$]
```

图15-28 在"命令文本"文本框中输入SQL语句

步骤 7 单击"确定"按钮,返回"导入数据"对话框,再单击"确定"按钮,就在一个新工作表上创建了数据透视图和数据透视表,如图15-29所示。

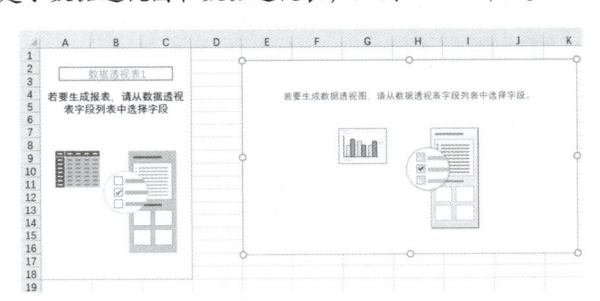

图15-29 创建的数据透视图和数据透视表

下面,以这个数据透视图和数据透视表为基础,进行各种分析。

15.4.3 产品两年销售分析

将数据透视表复制两份,一份用于分析销量,另一份用于分析销售额。

布局数据透视表,插入产品切片器,就得到如图15-30所示的分析结果。这里,已经对数据透视表和数据透视图进行了简单的美化。

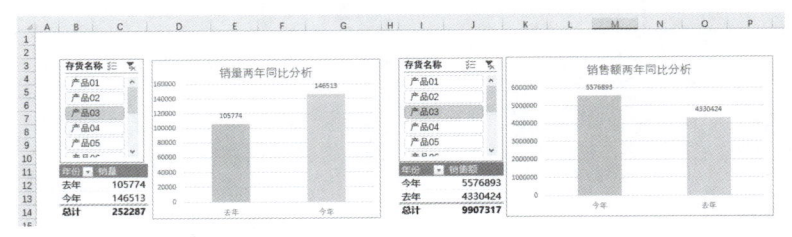

图15-30 分析指定产品两年的销量和销售额

新建一个工作表，将数据透视表复制一份，并重新布局，按月汇总数据，插入产品切片器和数据透视图，就得到了如图 15-31 所示的分析报告。

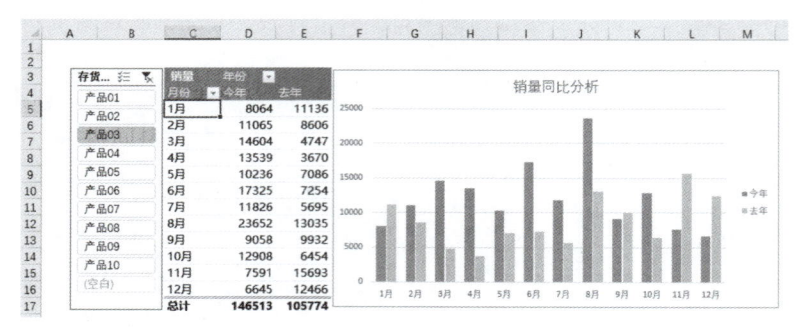

图15-31　分析指定产品两年的销量增长情况

15.4.4　前 10 大客户两年销售分析

新建一个工作表，将数据透视表复制一份，重新布局，按照客户汇总销售额，对今年的销售额进行排序，从客户中筛选前 10 大客户，插入透视图，插入产品切片器，就得到了如图 15-32 所示的分析报告。

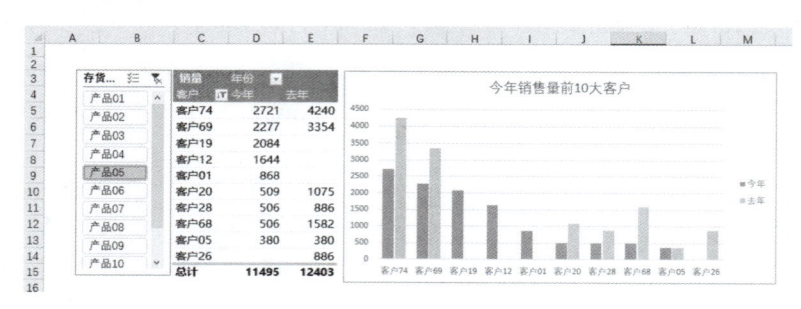

图15-32　今年销售量前10大客户及其与去年同比分析报告